JN228803

2030 中国自動車強国への戦略

世界を席巻する
メガEV
メーカーの誕生

みずほ銀行
主任研究員
湯 進
tang jin

日本経済新聞出版社

まえがき

本書では、中国の自動車強国への戦略の実態を解明し、２０３０年に向けた中国のモビリティ社会のシナリオと日本の自動車関連企業のあるべき姿を大胆に議論することを試みる。

中国政府は自国の製造強国戦略、「中国製造（メイド・イン・チャイナ）２０２５」の中で、自動車産業の成長こそが先進国にキャッチアップするためのカギになると位置付け、「２０２５年に世界自動車強国入り」する、との目標を掲げた。

過去１００年にわたり形成されてきた世界の自動車産業構造を変革しようとする中国政府の〝戦略〟は、電気自動車（ＥＶ）を核とする〝新エネルギー車革命〟で自動車産業のパラダイムを転換させようとする大胆な試みであり、今後、日本の自動車産業界にも甚大な影響を及ぼすこととなる。

２０１９年6月27日、安倍晋三首相は20カ国・地域首脳会議（Ｇ20大阪サミット）で来日した中国の習近平国家主席と会談、２０２０年に国賓として習主席の訪日を招請し、習主席も原則、これを受け入れた。この出来事は日中関係が「正常な軌道に戻った」ことを表す象徴的なものだ。

現在、日本の自動車メーカー大手3社は中国を最重要市場に位置付け、EVの生産能力増強に取り組み、これに追随するサプライヤーも中国戦略の策定を急ぐ。

EV革命を起点とする中国の自動車強国への戦略には、競争軸を日本企業に有利な分野からズラして新たな競争に持ち込むことで優位を勝ち取ろうという意図がある。日系企業各社としてはいかに中国のEV革命の実態を正確に把握しつつ中国戦略を練るかが、難題となっている。

一方で、インターネット上にさまざまな「断片的な情報」があふれている昨今、こうした情報をもとに中国市場を正確に予測することは難しい。また、2018年来、EV、コネクテッドカーなど次世代モビリティ関連の書籍は多数発売されているものの、モビリティ社会を含む中国EV革命の動向全体を俯瞰する書籍は意外に少ない。

そこで本書では、産業政策の変化にとどまることなく、表と裏から中国自動車産業の過去、現在、未来を見据え、電動化、コネクテッド、シェアリング、自動運転、スマートシティなどの注目分野、欧米中自動車メーカーの戦略、電池・新興EVメーカーの発展経緯を取り上げ、さまざまな角度から中国の自動車強国への戦略の本質を究明する。

特に80点を超える図表データ・写真を掲載し、「現場」ベースの観察に加え、中国の諸現象の定量的・定性的分析を行う。

これにより読者の方が、中国EV革命および来る中国モビリティ社会と日系企業への影響を具体的に推測し、勝ち残り策を考察するきっかけにしたい。

筆者は、中国のＥＶ革命がいかに展開され、日本の自動車産業にどのような影響を与えていくかに焦点を当てながら、日中の自動車メーカー、サプライヤー、電池・材料メーカー等、直近３年間だけでも約３００社に上る訪問を重ねてきた。

現場で入手した生の情報を広く日本の関係者に伝えるべく、筆者は２０１７年３月、『日経産業新聞』に「中国新エネルギー車」をテーマとする記事を連載したほか、中国ＥＶ市場の「２０２０年問題」を解説。中国自動車産業の動向についての各方面からの関心は非常に高く、筆者に対する経済誌やテレビ局の取材、および自動車関連企業等からの講演依頼は増加の一途をたどっている。

また、筆者は「エンジン不要論への危機感」「自動車産業への新規参入の好機到来」といった企業各社の不安や期待の声に応え続けている。とりわけ「２０３０年の中国モビリティ社会を見据えて今から何に着手すべきか」に対する各社の関心は高く、多くの企業が中国戦略に関する正確な情報や助言を求めている。

本書では日本企業や読者に次の2つの視点を伝えたい。

1点目は、中国にとって、ゴールはＥＶの普及ではなく、ＡＩ（人工知能）・ＩＴ等々を備えた近代化強国になることが目的であるということ。この論点を軸にして、中国の自動車強国戦略、スマートファクトリーやＡＩの推進、ＥＶシフトの展開、企業戦略など、さまざまな角度から中国自動車産業のメインシナリオを描きたい。

2点目は、今後、日系自動車メーカーおよびサプライヤーが取るべき戦略の方向性について示すこと。製品戦略を検討する一方で、中国市場の特性に合わせた地域戦略やロビー活動に取り組み、ITプラットフォーマーや地場の異業種企業との提携等を視野に入れることだ。

本書を執筆するにあたり、多くの中国企業とのディスカッションを重ねてきた。たとえば中国一汽、東風汽車など中国国有大手自動車メーカー、長城汽車、比亜迪（BYD）など民営自動車メーカー、蔚来汽車（NIO）、小鵬汽車などEVベンチャー、寧徳時代新能源（CATL）、国軒高科など電池メーカー、騰訊（テンセント）、阿里巴巴（アリババ）などIT企業などだ。これらの企業から得られたリアルな情報に基づき中国モビリティ社会の未来像を描くことができた。

本書の仕上げ段階で、米国と中国が相互に輸入品へ重い関税をかけ合う貿易戦争に突入してから1年を超えた。中国は2019年8月23日、米国が同9月から発動する対中制裁関税「第4弾」への報復措置を発表した。世界経済の大きなリスクである米中対立の解消が見えにくくなっているものの、中長期的に中国が躍進する方向は変わらないだろう。

本書はこうした理解に基づき、巨大マーケットの魅力と、日本企業としての向き合い方を議論したものである。中国で今何が起こっているのか、日本企業として取るべき戦略は何か、読者の論考の一助となれば幸いである。

なお、本書は2019年8月末時点の情報をもとにしている。また、論考はあくまで筆者の個人的見解であり、所属組織とは無関係である。本文の敬称は略させていただいた。

湯進

目次

序章

誰も語らなかった中国EV革命の背景

1　4人の夢見がEV革命の発端　16
豊かな暮らしを夢見ていた4人（1989年）／IT業界の追随者（1999年）
夢を叶えるための一歩（2009年）

2　中国が描く自動車強国へのシナリオ　25
EV革命で自動車産業を変える／2025年に世界自動車強国入りを実現する3つのステップ／2030年の中国自動車市場

第1章

「中国の夢」と自動車強国

1　「近代化強国」を目指す中国　30
「中国の夢」の壮大なスケール／〝2つの100年〟で米国を超える

2　「中国製造２０２５」の真実　33
「世界の工場」の経済成長の限界／「中国製造２０２５」で世界トップの製造業強国へ／大胆な自動車市場開放政策
3　中国ドイツ連合が目論むＥＶ化による世界制覇　42
活発化する中独製造業の連携／ＥＶ化による世界制覇を狙う「中国ドイツ連合」

第2章　中国の自動車強国入りを阻む足かせ

1　「市場を技術と交換」政策の功罪　47
「改革開放」前の中国自動車産業／「市場換技術」方針の実施
自動車生産の拡大／中国自動車市場の巨大化
2　中国で独走しているＶＷの焦燥　58
中国市場に懸けるＶＷ／ＶＷが直面する脅威
3　中国民族系ブランドの苦戦　63
自主ブランドの育成／民族系自動車メーカー２強の躍進

地場ブランド低価格車の限界

4 地場部品産業の遅れ 72
地場サプライヤーの未育成 ／ 外資系サプライヤーによる寡占

第3章 EV革命の正体

1 破壊者戦略の基本 79
道のりが長いキャッチアップ ／ イノベーション創出の壁
破壊的イノベーションとしてのEV革命

2 アメとムチによる破壊政策 86
アメとムチの同時推進でEV普及へ ／ 破壊政策の課題

3 EV革命の軌道修正 91
省エネ技術の重視へ ／ EV参入条件の明確化 ／
「青空を守る戦い」計画の後押し

第4章

破壊者と追随者

1　中国NEV市場の現状　102
破壊者と追随者／NEV市場の特徴

2　BYDの快走　107
携帯電話市場を席巻する低価格電池／自動車メーカーへの変身
カリスマ経営者の底力

3　欧州系企業の布陣　114
口火を切ったVWの3社目合弁企業／EV覇権を狙うVWの野望

4　「ナマズ効果」が期待されるテスラの中国進出　118
中国の市場開放と米中摩擦が後押ししたテスラの進出／中国NEV業界への影響

5　「中国のテスラ」を夢見る中国新興メーカー　123
クルマの未来を予感した中国大手IT企業のEV戦略
中国新興EVメーカーの正体／新興EVメーカーが直面する生産ライセンスの壁

6 中国巨大自動車メーカー「チャイナビッグ1」の誕生 131
自動車市場の開放に迫られる大手国有自動車メーカー
大手国有自動車メーカー3社に統合の兆し
「チャイナビッグ1」は業界の勢力図を塗り替えるか

第5章 電池をめぐる覇権争い

1 EVの未来を左右する電池開発 138
EV普及のカギとなる電池価格 ／ コバルト比率を低減する電池の開発

2 中国政府主導下の産業育成 142
外資を排除する「ホワイトリスト」／ 地場電池メーカー淘汰の荒波
大競争時代を迎える中国電池市場

3 パナソニックを抜いた新星CATL 149
ATLはTDKの子会社 ／ 行列のできる電池メーカーの実力
底力は技術へのこだわりと人材の質の高さ

4　中国製電池が世界市場を席巻する日　157
4大部材の国産化／中国地場電池メーカーとEVメーカーの供給関係
中国製電池が世界市場を席巻する

第6章　中国製自動運転車の脅威

1　中国が実現する自動運転車　167
自動運転のカギとなるAI／中国のAI・自動運転戦略が成功する条件

2　虎視眈々のBAT（バイドゥ、アリババ、テンセント）　176
AIに布陣するBAT／自動運転の開発を競うBAT
「未来のスマートシティ」を目指す雄安新区

3　中国のモビリティサービスの現状　184
台頭するモビリティサービス／中国のカーシェアリングの実態
衝撃を受けた深圳市の「スマート交通」

第7章 「世界のＥＶ工場」となる中国

1 ２０３０年、メガＥＶメーカーの誕生 194
クルマ生産は内製から外部委託へ／メガＥＶメーカーの誕生

2 中国は日本車の牙城・東南アジアを攻める 202
成長が見込める東南アジアの自動車市場／日系メーカーの牙城に挑む中国勢

3 中国による日本の自動車市場への進出開始 206
進出の先陣を切った家電・電子企業／試金石としての日本市場
日本で新しいビジネスを狙う

第8章 日本企業はＥＶ革命の荒波を乗り越えられるか

1 日本車の中国市場巻き返しがなる日 214
日系自動車ビッグ3の中国展開20年／日本車好調の要因
日系自動車メーカーが中国で勝利する条件／新境地を開く2枚のカード

2 「ケイレツ」崩壊下にある日系サプライヤー 227
「ケイレツ」崩壊の2つの危機 ／ 変革を迫られる日系サプライヤー
日系サプライヤーの中国戦略

3 日系二次・三次サプライヤーの中国事業のあり方 235
3つの課題 ／ 中国事業のあり方

4 新しいサプライヤーの登場 240
新サプライヤーの特徴 ／ 中国市場の特性に合わせる対応
2030年の日本製造業を見据える

謝辞 247

序章　誰も語らなかった中国ＥＶ革命の背景

１　４人の夢見がＥＶ革命の発端

豊かな暮らしを夢見ていた４人（１９８９年）

１９８９年７月の北京。天安門事件後の重く暗い雰囲気はまだ払拭されていなかったが、気温40度近くの暑さは例年通りだった。北京有色金属研究総院の研究室では、電池の研究に熱中する１人の青年が世間の喧騒には目もくれず、いつも通り夜中まで実験を繰り返していた。後にＢＹＤを創業するこの青年は、安徽省の農家に生まれた王伝福だ。15歳のときに両親を亡くし、７人の兄弟と貧しい暮らしを経験した。

当時の中国では、戸籍は都市戸籍と農村戸籍に分かれ、農村から都市への移動が制限されていた。農家の子どもたちにとって、大学への進学は都市戸籍を取得し農村から離れる唯一のチャンスだった。そして兄夫婦の支援と激励を受け、中南鉱冶学院（現在の中南大学）の冶金物理化学部に合格した王は、大学在学中に電池の不思議な力に魅せられ、大学院に進み電池を研究し続けることを決めた。百折不撓の志で必死に勉強し自分の運命を変えた王。将来、電池の開発で故郷の人々の暮らしを明るくすることを夢見ていた。

北京から南に１８００キロメートル離れた福建省東北部の寧徳市。数年前までこの地は農業と漁業しか産業がない中国有数の貧困地域だった。１人の共産党青年幹部が凸凹の山道を2時間歩き続け、ようやく目的地の貧困農家にたどりついた。山を通るトンネルがなかった時代、農家は天秤棒を担いで山から市内まで農産物を運ぶ生活をしていた。

この幹部こそ当時の寧徳市共産党書記、若干35歳の習近平であった。陝西省延川県梁家河村書記、河北省正定県共産党書記、厦門市副市長を経て、１９８８年に寧徳市に赴任した。習は農民の貧困脱却という任務を背負っていた。西北・華北・東南沿海部の農村で現場経験を10年以上積んだ習は、農民たちの生活環境の厳しさをよく分かっていた。農家を貧困から脱却させ子どもたちに教育を受けさせることが、習にとって最大の願いだった。

寧徳市の東南20キロメートルにある鳳凰山には、嵐口村と呼ばれる小さな村がある。１６４７年にこの地に建設されたキリスト教の教会は村の観光スポットとして知られている。１９８９年秋のある日、村人の間ではある話題で持ちきりだった。名門上海交通大学を卒業し地元の国営造船会社に入社した農家の息子が、わずか3カ月でその会社を退職したというのだ。しかもその息子は「南で事業を起こし故郷を豊かにする」と誓い、１人で広東省に行くことを決めていた。

1980年代の中国において国営企業は支配的な地位にあり、ひとたびその職に就けば終身雇用が保障され、安定的な収入が得られると認識されていた。一方で、大学生の就職先やポストは国の統一計画に基づいて指定される制度があり、学生自ら就職先を選択できる余地は少なかった。そのようななかで果敢に起業を決意した彼とは、後にCATLを創業する当時22歳の曽毓群であった。

ベルリンの壁が崩壊する3カ月前の1989年8月。東ドイツ北西部にあるクラウスタール工科大学図書館にドイツ語文献を調べる中国人留学生の万鋼がいた。文化大革命の際に両親が「反革命分子」に分類されたため、息子の万は進学でも差別された。毛沢東が指導した「上山下郷運動（青少年の地方での徴農）」に応じ、16歳のときに東北地域の吉林省延辺市の農村に下放され、そこで約7年間働いた。

文化大革命が終わり23歳になった万は、村の推薦で東北林業大学に進み、同済大学大学院を経て東ドイツに留学した。当時の欧州では熱効率の高いディーゼル乗用車が主流で排ガス規制も導入されていた。万の将来の抱負は、東ドイツで学んだ省エネルギー技術を活かし中国でクリーンエネルギー車を作ることだった。

4人の若者が暮らした農村では思うように工業化が進まず、農業に頼らざるを得なかった農民の生活環境はとても厳しいものだった。それを経験した彼らはこのとき、自分の努力によって国や故郷が栄え、人々の暮らしが豊かになることを夢見ていたのである。

当時の中国社会の実態や人々の価値観が、4人のストーリーからうかがえる。前述のような念願があったからこそ、20数年後、EV革命などの中国市場のダイナミックな変化が訪れたのだ。

IT業界の追随者（1999年）

それから10年が経過した1999年、近代中国がこうむった欧米列強の侵略の象徴だったマカオが、香港に続き中国に返還された。マカオに隣接する福建省の代理省長になっていた習近平は、福建省のGDPが外国企業からの直接投資の増加により初の国内トップ10に入った喜びに浸っていた。

1992年、中国最高実力者の鄧小平は深圳、広州など中国南部を視察し、改革開放の再加速を強調した「南巡講話」を発表した。天安門事件により一時中断した改革開放政策は、再び動き出した。外国企業を中国沿海部に積極的に誘致した結果、資本や技術が中国に流入し、中国経済は大きく発展することになった。

曽毓群は広東省東莞市に携帯電話向けの電池工場を建設し始めた。その電池工場から車で1時間半程度のところには、王伝福が4年前の1988年に立ち上げた電池工場もある。王の工場では、技術者がノキアの新型携帯電話向け電池の試作を急いでいた。

また、クラウスタール工科大学大学院で博士号を取得し、ドイツのアウディのエンジニアになっていた万は、ドイツ自動車技術者訪中団を率いて北京を訪問し、共産党の高級幹部に中国の次世代自動車作り構想を語った。

1990年代半ば以降の中国には、「改革開放」「外資誘致」「工業化」「下海（起業する）」とい

中関村のイノベーションパーク
「中関村1号」

（出所）筆者撮影

った官民共通のキーワードがあったが、「ＩＴ」というワードは中国人にとってあまり馴染みがなかった。ところが北京市北西部にある北京大学や清華大学に隣接した中関村には、レノボや北大方正、清華紫光など多くのＩＴ企業や大学発ベンチャー企業が進出したことにより、その地は中国ＩＴ・ソフトウェア製品の一大集積地となった。１９９０年代末の中関村はＩＴビジネスの楽園ともいえる場所で、多くのＩＴ起業家を惹き付けていたのである。

中関村のオフィスビルに入居する30歳の李彦宏は、いわゆる海亀族（海外での留学・研究・就業を経て中国に帰国する人々）の起業家だ。米インフォシーク（Infoseek）を経験した李は、インターネット検索エンジン事業に将来性があると判断し、百度（バイドゥ）の設立準備を急いでいた。

一方、北京の政府系ＩＴ企業の経営者として働いていた馬雲は、事業を思い通りに推進できないストレスでそのＩＴ企業を退社し、故郷の杭州の自宅でアリババを創業した。中小企業向けの

ITビジネスを狙う馬は、「世界最大級のビジネスサイト、(3世紀にまたがる)102年企業になる」と壮大な目標を掲げていた。

当時、中国のIT企業で注目を浴びていたのは、テンセントの「騰訊QQ」と呼ばれるメッセンジャーアプリだ。同ソフトは中国初の無料交流ツールであり、携帯やメールと同じ感覚で使用されることにより、中国の若者の間で一気に普及した。テンセント創業者の馬化騰は、共産党幹部である父の転勤により13歳のときに海南省から深圳に移住した。そして深圳大学コンピューター学部を卒業し、通信会社で6年間ポケットベルの開発を行った。

中国改革開放の最前線に立つ馬は1998年11月、中小企業向けの無線呼び出しビジネスを狙って深圳でテンセントを設立し、翌年2月にはインスタントメッセージソフト(インターネットを通じて利用されるコミュニケーション用アプリケーション)を開発した。同ソフトの会員数はわずか3年間で1億人を超え、テンセントの成長を支える基盤となった。

1990年末に誕生したIT企業は、世間から「いつか倒産するだろう」と冷めた目で見られていた。IT企業が国民生活や社会インフラに深く関わってくることを、人々はこのときはまだ想像できなかった。1994年以降の米国では、ヤフーやアマゾンドット・コム、グーグルなどIT関連企業が相次いで創業された。多くの中国人留学生がこうした企業から刺激を受けて、中国に帰り起業家となる道を選んだ。

中国におけるITビジネスやインターネットサービスの出現は、先行する米国と時期的にはそれほど大差がない。また、中国では今日に至るまで、IT企業の起業と廃業が活発に繰り返された結果、自由で公正な競争環境が整えられた。中国のＩＴ企業が中国経済を成長軌道に乗せたといっても過言ではない。

夢を叶えるための一歩（２００９年）

中華人民共和国が建国60周年を迎えた２００９年10月1日、習近平は国家副主席として天安門で軍事パレードを閲兵した。中国は世界に軍事力を誇示する一方、経済発展の面でも国の威信を高めることに成功した。

中国で初の五輪が北京で開催された２００８年、世界金融危機の影響を受けつつも、中国は大型景気刺激策を打ち出しており、この年の第２四半期に日本を抜いて世界第2位の経済大国に躍進している。工業発展や所得向上を象徴する中国の自動車生産・販売台数はともに１０００万台の大台に乗り、初めて世界第1位となった。中国が30年にわたり改革開放体制を取り、政策の成果を見極めながら漸進的に改革を行った成果である。

２００９年1月、中国科学技術省（日本の文部科学省に相当）や工業情報省など中央政府４部署は連名で、「十城千両プロジェクト」を打ち出した。北京や上海などの13都市で販売補助金政策を実施し、公共バスやタクシーを中心とする新エネルギー車（ＮＥＶ）の推進を開始した。２０１０年には実施都市を20都市まで増やし、地場ＮＥＶメーカーが立地する上海や深圳、合肥など計5都市をモデル地区に指定し、個人向けのＮＥＶ補助金政策を実施し始めた。

中国でＮＥＶシフトの口火を切ったのは、２００７年に科学技術大臣に任命された万鋼だ。万は２０００年末にドイツから帰国し、政府の要請を受けて「国家８６３計画」の「電動車プロジェクト」の首席専門家に着任した。同プロジェクトでは電気自動車（ＥＶ）、プラグインハイブリッド（ＰＨＶ）、燃料電池自動車（ＦＣＶ）の３つの技術路線を「三縦」とし、パワートレイン制御システム、駆動モーターおよび制御システム、電池およびマネジメントシステムの３つの共通技術を「三横」とする研究開発が始まった。次世代自動車開発の早期実現を託されることになった万は、中国政府の支援を受け、自身の夢の実現に向けて大きな一歩を踏み出した。

中国南部の広東省東莞市にある曽毓群の電池工場は、米アップル製スマートフォン（スマホ）の主要サプライヤーになるまで大きく成長していた。故郷の寧徳市を離れてから19年を経た２００８年、曽は15億ドルを投資し、当時、世界最大規模の電池（スマホ向け）工場を立ち上げた。中国におけるＥＶの増加を見越し、２００９年に設立した動力電池事業部でＥＶ向けの電池開発を始めた。

携帯電話向けの電池事業で先行した王伝福は、２００７年に地場自動車メーカーを買収し、自動車市場に参入した。政府の「十城千両プロジェクト」によりＥＶバス市場の拡大を予測し、２００９年には湖南長沙でＥＶバス工場と電池工場の建設を始めた。

一方、補助金政策によるＮＥＶ販売の拡大は計画通りに実現できなかった。２０１０年、中央政府と地方政府が支給した補助金は、合わせて1台当たり12万元（約２００万円）に上った。しかし、当時はＥＶ電池のエネルギー密度が低かったため航続距離は１００キロメートル程度に過ぎなかった。充電インフラの未整備に加え、中国消費者がＥＶを購入する意欲も低かった。

地場メーカーで見られた標語：
「NEVシフトこそ中国自動車強国への唯一の道である」

（出所）筆者撮影

同年、中国大手自動車メーカー10社が共同で「電動車アライアンス」を立ち上げ、ハイブリッド車（ＨＶ）を優先的に発展させる姿勢を示した。翌年5月に開かれた中国科学協会第8回大会で、「次世代自動車の技術路線は未定だ」とする温家宝総理の発言から、技術路線の選択をめぐる論争が存在したことは事実であった。

２０１２年3月、万鋼科学技術大臣は、ＥＶを中心とする技術路線を科学技術省の方針として決定した。7月には数回の発表延期もあった「節能与新能源車産業発展規画（２０１１〜２０２０年）」（省エネとＮＥＶ産業発展計画）が中国国務院より正式に発表された。同計画によると、ＥＶ、ＰＨＶ、ＦＣＶをＮＥＶとして定義し、ＮＥＶ保有台数を２０１５年に50万台、２０２０年には５００万台にするとしている。

２０１２年、中国の最高指導者となった習近平国家主席は、「中華民族の復興」の旗を揚げ「近代化強国」を提起し、2014年5月に「NEVシフトこそ中国自動車強国への唯一の道である」と公言した。これにより中国政府は国策としてNEV産業の発展を推進し始め、EV革命の幕開けとなった。

2 中国が描く自動車強国へのシナリオ

EV革命で自動車産業を変える

中国自動車産業は生産・販売の両面では「自動車大国」の地位を固めているものの、研究開発力の欠如、地場ブランドの未育成などの課題を抱えている。特にエンジンやトランスミッションに代表されるコア部品技術の遅れは、成長の足かせの1つとなっている。

これまでのエンジン車では日米欧企業に追いつくことはできない。しかしEVなら日米欧企業とも差がなく、同じスタートラインに立てると中国は考えている。エンジンが電池に置き換わることで、タンク、マフラー、ラジエーター、トランスミッションといった多くの部品が不要となるからだ。

NEVシフトに伴い、高度な製造技術が求められる部品が大幅に必要なくなるだけでなく、中国は日米欧企業に劣後する機械工学技術を一足飛ばし、電動化とITを融合する「カエル跳び型(Leapfrogging)」発展戦略で競争優位の構築を図ろうとしている。

2030年に中国自動車市場は3500万台に膨らむ見通しだ。中国での石油輸入依存度は

２０１８年で72％もあることから、エネルギー安全保障上もこれ以上ガソリン車を増やせず、また深刻化する大気汚染の対策も進めていかなければならない。それゆえ政府は、２０１２年にEVシフトに舵を切ったのだ。

既存ガソリン車に取って代わるEVで次世代新市場の主導権を握ることは、１００年に一度の絶好の機会であると中国政府は判断している。業界ルールを変えることにより、中国主導の技術を世界に普及させ、「EV革命」で実現する「自動車強国」は、中国政府が宣言した「近代化強国」と同等のものだ。

２０２５年に世界自動車強国入りを実現する３つのステップ

中国は２０１７年４月に「自動車産業中長期発展計画」を発表し、「２０２５年に世界自動車強国入り」するとの目標を掲げた。世界の自動車産業構造をわずか数年で変えようとする中国政府の戦略は、EV革命で自動車業界のパラダイムを転換させようとするものだ。

次世代自動車技術での優位性や業界スタンダードを確立できれば、部品産業の技術進歩も期待でき、中国の自動車産業全体の競争力を向上させることができる。

そうなれば、EV電池やモーターなどの基幹部品を国産化しやすくなることに加え、国内消費市場、貴金属資源の保有、部品・部材産業集積の存在などの面でも日米欧を圧倒する条件が整う。こうした勝算を前提に中国政府は、３つのステップを踏んで「自動車強国」となる構想を描いている。

第1ステップは、NEV市場を育成することだ。中国政府はNEV消費を喚起するための補助金制度や企業にNEV生産を義務付ける制度など一連の政策を実施しつつ、NEV市場の育成を推進している。また、部品産業の育成にも力を入れ、特にEVの品質を左右する電池については、航続距離の向上と大幅なコストダウンを実現させようとしている。

中国の「省エネ・新エネ車技術ロードマップ」（中国汽車工程学会）が示したNEV販売の政府目標は、2020年に200万台、2025年に700万台、そして2030年には新車販売全体の約5割にあたる1700万台とする強気の計画だ。

第2ステップは、中国発の世界ブランドを育成することだ。2025年までに、現在、日米欧企業が占めている世界自動車メーカーおよび自動車部品メーカーのトップ10に複数の中国企業が入ること、そして主要地場EVメーカーの世界シェアを拡大し、スマートカーを世界トップ水準にすることを目標としている。

第3ステップは、自動車強国の実現を象徴する地場メーカーの海外進出だ。地場メーカーが2020年頃に先進国向けの自動車輸出を開始し、2025年には世界市場における中国ブランドの地位を向上させるとの目標を掲げている。

こうした意欲的な計画からは、中国政府の何が何でも自動車強国入りを実現させようとする強固な姿勢がうかがえる。中国政府は省エネ技術の高度化を推進し、自動車メーカーの平均燃費基準を2019年の100キロメートル当たり6・0リットルから同4・0リットルに引き上げ、2025年に地場メーカーの新車品質がグローバルメーカーと同様の水準になることを求める。

ただ、これを実現するためには裾野・部品分野を含む産業チェーンの発展、省エネ技術やコア部品の生産技術の獲得が必要となる。それと同時に最も肝心なのは、ＮＥＶ、自動運転技術、コネクテッドカーなどスマートカー分野に重点を置き、官民を挙げて研究開発を強化することだ。

２０３０年の中国自動車市場

２０３０年頃にはモビリティ（人々の移動）が大きく変わる可能性があり、自動車産業は大規模な変革期を迎える。クルマの消費は「ＭａａＳ」(Mobility as a Service)へ進化し、「ＣＡＳＥ」（コネクテッド、自動運転、シェアリング、電動化）は自動車メーカーの競争力を左右する。結果的に世界主要市場の大半のクルマはネットワークに接続されたコネクテッドカーとなり、自動車メーカーは単なるものづくりだけではなく、モビリティサービスを提供する企業に脱皮していくと予想される。

一方、内燃機関車技術で中国メーカーが日米欧メーカーにキャッチアップするのは簡単ではない。なぜならば、「世界の工場」といわれる中国であっても、組み立て型産業で「自己完結型ものづくり」を実現するには、高品質な製品を作り上げる技術や「各種加工プロセスの技術」が求められ、この分野におけるイノベーション能力の形成は、中国メーカーには難しいからだ。

しかし、次世代の自動車分野において中国がＥＶ革命の成功により世界市場で競争優位に立つことは、十分に期待できる。中国政府はハイテク産業の発展で製造業の強化を図ろうとしている。インターネット大国としての基盤を活用し、２０１７年に「ＡＩ産業発展計画」を打ち出し、スマートファクトリーの実現に向けた体制整備を急いでいる。また2018年に発表された「スマートカーイノベーション戦略」では、2025年に高度自動運転のスマートカーを実用化する目標を掲げている。

中国政府の強力な政策の後押しによって、AI技術とEV革命を融合する次世代自動車産業の競争力は確実に向上していくだろう。今後、中国企業は進化し、グローバル電池メーカー、ITプラットフォーマー、モビリティサービス企業、メガEVメーカーが順次登場すると推測される。以上は中国が描く2030年の中国自動車市場のアウトライン、自動車強国へのメインシナリオである。2030年に習近平は77歳、国のトップとして円熟期にあり、「自動車強国」「製造業強国」の実現に続き、米国と並ぶ「近代化強国」に向け邁進すると思われる。

そうなれば、中国は「世界のEV生産工場」としてスマートカーやスマートシティ関連サービスの海外輸出を一気に拡大するであろう。中国のEV革命は、日本の自動車メーカーの牙城である東南アジア市場をはじめ日本国内市場にも波及する。もしかすると日本の自動車産業の優位性を根底から崩すかもしれない。今後、日本の製造業はものづくりのメーカーからサービスを提供する事業者となり、自動車という「一本足打法」で成長を維持してきた日本の産業構造に変化が訪れる可能性がある。

第1章 「中国の夢」と自動車強国

1 「近代化強国」を目指す中国

「中国の夢」の壮大なスケール

習近平は共産党総書記に就いてから2週間目の2012年11月29日、李克強総理など中国最高指導者6名を率いて国家博物館で開かれた展示会「復興之路」を見学した。そのとき初めて「中国の夢」というスローガンを中国人民に訴えかけ、「中華民族の偉大な復興の実現こそ中華民族の近代からの最も偉大な夢である」と壮大な「夢」を掲げた。

2012年の第18回共産党大会で提起された「2つの100年」は、習の設定した「中華民族の復興」の時間軸だ。

1つ目の100年は、中国共産党成立から100年の2021年までに「小康社会」（ややゆ

図表1-1　中国の「2つの100年」の時軸

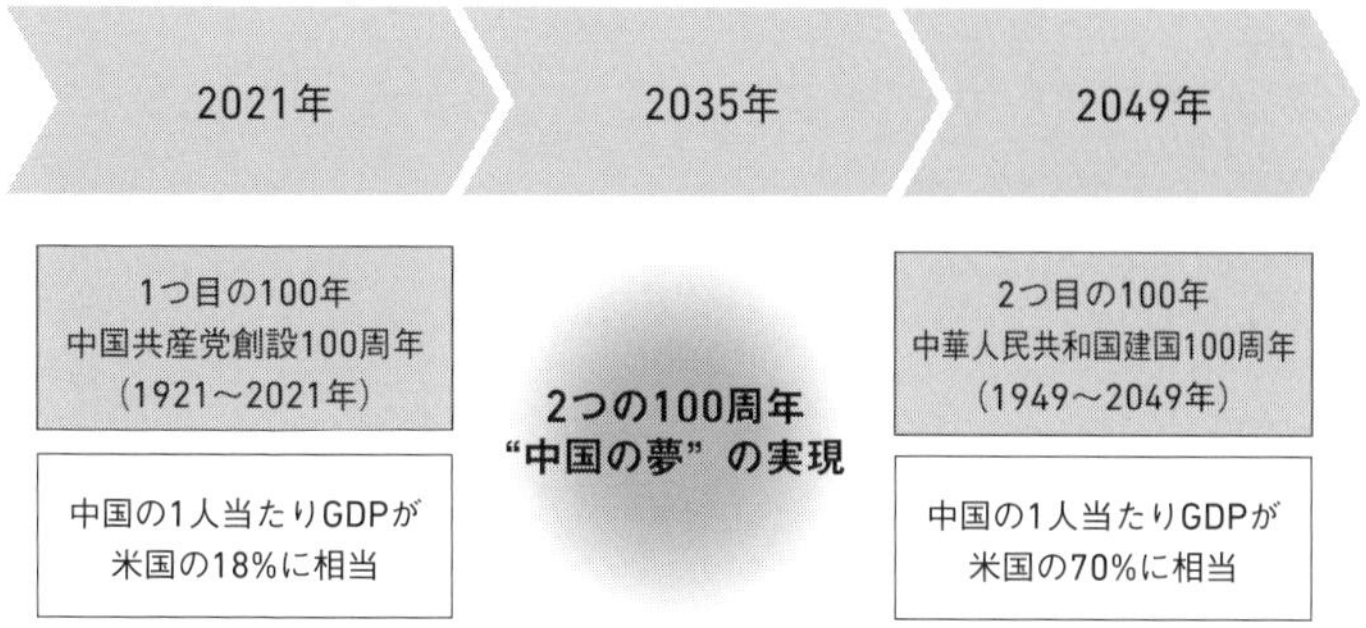

2021年	2035年	2049年
1つ目の100年 中国共産党創設100周年 （1921～2021年）	2つの100周年 "中国の夢"の実現	2つ目の100年 中華人民共和国建国100周年 （1949～2049年）
中国の1人当たりGDPが 米国の18%に相当		中国の1人当たりGDPが 米国の70%に相当

（出所）中国政府の発表、各種報道

とりのある社会）を実現するということである。国民に経済的な余裕だけではなく、精神的なゆとりや幸福感も実感させることを目指す。中国の経済成長を維持しながら農村部など数千万人の貧困層をなくすことは、共産党の責任であるとする。

２つ目の１００年は、１９４９年に新中国が成立してから１００年の２０４９年までに「中華民族の偉大な復興」を目指すというもの。そのときは「社会主義を現代化した国家」を実現し、１８４０年のアヘン戦争以前の大国の地位を取り戻すとする。

習にとって中国の夢は、世界で最も豊かでかつ強い国に再びなることを意味する。これは中国共産党による指導の下で実現できることだ。経済発展や国民生活の改善を継続し、共産党は名実ともに一党支配の唯一性と正当性を証明する。昨今、米国に対する「21世紀の創造的な新型大国関係」の提起、広域経済圏構想の「一帯一路」（２つのシルクロード）の推進、「アジアインフラ投資銀行」の設立など、世界における中国の存在感は確実に高まっている。

“2つの100年”で米国を超える

２０１７年の第19回共産党大会で習は、３時間半にもわたる政治報告を行い、中国の発展を「站起来、富起来、強起来」という3つの時代で表現した。「站起来（立ち上がる）」とは、新中国の誕生を実現させた「毛沢東時代」に中華民族が長い屈辱の歴史からついに立ち上がったことを指す。「富起来（豊かになる）」とは、鄧小平が「改革開放」を打ち出してから中国が豊かになり始めた「鄧小平時代」を指す。そして「強起来（強くなる）」とは、中国が経済・軍事強国となった「新時代」、これは「習近平時代」を指す。

習は大胆な戦略設定を行い「２つの１００年」を具体化する。すなわち２０２１年までに小康社会の建設を達成し、ＧＤＰ総額と都市・農村部住民の所得を２０１０年比で倍増させる。そして２０４９年には富強・民主・文明・調和を叶えた社会主義現代化強国の建設を達成する。

この5年前に掲げた目標と比べ、「近代化強国」という言葉が全面的に提起されたことが印象的で、そこには野望とビジョンが含まれる。また「共産党規約」には「習近平思想」という表現が新たに盛りこまれた。過去に最も権威の高い「思想」の名称で自らの名前を規約に掲げた指導者は、毛沢東しかいない。すなわち、「中国の夢」を叶えようとする習こそが「偉大な指導者」なのであるとする習の意気込みを示したものだ。

「２つの１００年」の間の２０３５年には、経済・技術の面でイノベーション型国家の上位グループに立ち、共同富裕を次第に実現し、中華文化の国際的影響力を高めると主張した。なかでも「共同富裕」は鄧小平が提唱した先富論で生じた貧富の格差を是正し、多くの国民が豊かさを実感できる環境を目指すことであり、「習近平時代」のビジョンである。経済成長のみを重視してきた中国の改革開放がもたらした環境汚染・自然破壊など社会問題に対する政権の危機感もうかがえる。

この長期構想では、中国は２０５０年に経済規模だけでなく、国際的影響力、軍事力、国民生活などすべての面において米国に劣後しない水準に達するとしている。一方、国民生活の質を引き上げる前提となる経済発展は、政治目標を実現するためのカギになり、「製造業強国」への転換は政権の経済運営にとって極めて重大な任務となる。

2 「中国製造２０２５」の真実

「世界の工場」の経済成長の限界

中国は１９７９年に経済特区の設置を決定し、香港に隣接する深圳市など華南地域４都市で外国からの資本・技術の導入を始めた。１９８４年に大連市、青島市など14都市を沿海開放都市に指定し、外資を誘致する地域を拡大した。鄧小平が１９９２年に発表した「南巡講話」は、１９９０年代の外資導入本格化と高度成長のきっかけとなった。また２００１年12月の世界貿易機関（ＷＴＯ）加盟は中国の改革開放のターニングポイントとなり、国際公約となる市場開放による規制緩和を加速させ、中国経済成長のさらなる促進効果をもたらした。

改革開放以降の中国政府は、投資と輸出を牽引力として経済成長を持続させてきた。１９８９

年の天安門事件や１９９７年のアジア金融危機による経済減速期を除くと、年平均約10％で成長した。１人当たりＧＤＰは、１９７８年の２５０ドルから２００８年の３４６７ドルまで急成長した。中国製造業の生産高は２０００年に世界第４位、２０１０年には米国を抜き世界第１位になった。約５００種類の工業製品のうち、生産量で世界第１位の中国製品は２２０種類を超えている。

一方、中国の製造業は外資導入を進め「世界の工場」として台頭した半面、重複投資、生産能力の過剰、エネルギーの過度な消費、環境汚染等の課題を招いた。中国のＧＤＰに占める投資支出の割合は、２００７年の42％から２０１５年には約50％へと上昇した。

このような投資依存型の経済構造下で中国経済は勢いを失っている。いわゆる「粗放型」成長は生産要素の投入に見合うだけの産出の増加が見込めず、すでに大量投入されている生産要素の投入をさらに増加せざるを得ない状況といえる。中国製造業の労働生産性（２０１５年）を見ると、米国の10分の１、日本の７分の１しかなく、アジア新興国と変わらないレベルにとどまっている。

また、豊富な労働力と低賃金コストが「世界の工場」としての競争力を支えていたが、２００５年以降、中国の人件費は10年間で約5倍にまで増加した。生産年齢人口（15〜64歳）もピークの２０１４年から減少に転じた。全人口に占める若年人口（15〜39歳）の割合は、２０１３年の38％から２０３０年には28％に減少すると予想されている。

人件費の高騰や労働人口の伸びの鈍化により、労働集約型や加工貿易型の製造業には経営圧力が高まり、東南アジアなど低賃金国へシフトする動きが見られた。世界市場において「安かろう悪かろう」というイメージが依然強い「メイド・イン・チャイナ」は、コストの面で低賃金国の製品との競合に直面している。投資主導による経済成長は、いずれ限界に達する可能性がある。中国を取り巻く国内外の環境は過去とは大きく様変わりしており、中国政府は成長モデルの転換を迫られている。

「中国製造2025」で世界トップの製造業強国へ

中国の1人当たり名目GDPは2015年に8166ドル、2018年には9750ドルに達した。開発経済学では、1人当たり所得が1万ドルに達した新興国の多くは経済成長の減速に伴い「中所得国の罠」に陥ると論じられている。それを回避するには、国は生産性の向上に努めなければならない。

中国が世界をリードする強国になるには、強い製造業が不可欠である。中国の製造業では、日米欧から部品、素材、設備を輸入し、国内で組み立てた最終製品を先進国市場に輸出する仕組みが有力である。2015年時点で、生産ラインのデジタル制御化率は30%に過ぎず、労働集約型の生産に依存する面が依然強い。

ハイテク製品の生産量は増加しているものの、コア部品の調達は外資系企業に頼っている。自動車生産に欠かせない工業ロボットを見ると、中国の生産量は世界第1位になっているものの、減速機、サーボモーター、コントローラーなどコア部品の80%は安川電機、ABB、ファナック、クーカなど外資系企業からの輸入に依存している（フロスト&サリバン調べ）。
また、近年中国から米国へのハイテク製品の輸出では、スマホやIT製品など組立製品が増加しているものの、日米韓からの部品輸入も増加している。特に中国地場企業が頭脳と呼ぶ半導体チップは量産に至っていないため、中国はすでに世界最大の半導体チップ輸入国となっている。

ドイツが2011年に「インダストリー4・0」プロジェクトを打ち出し、米国のオバマ政権が2012年に「製造業の回帰戦略」を強調し、米ゼネラル・エレクトリック（GE）は「インダストリアル・インターネット」を意味する製造業の高度化を提唱した。

先進国の再工業化の動きに刺激された中国は、第4次産業革命の波に乗り遅れまいとして「中国製造2025」戦略を打ち出した。

同概念は、2015年3月5日に北京で開幕した第12期全国人民代表大会で、李克強総理が「産業構造の中・高度化を促すための『中国製造2025』を実施する」として初めて提起したものである。李は「インターネット+」というキーワードも示した。これはモバイルインターネット、クラウドコンピューティング、ビッグデータとさまざまな家電・電子製品をつなぐIoT（モノのインターネット）のことであり、インターネットと製造業との融合を意味している。

同年5月、中国政府は「中国製造2025」を製造業の国家戦略として発表した。同戦略で中国政府は、製造業に対する今後10年間の政策指針として、イノベーション能力の向上、情報技術と製造業の融合、品質とブランドの強化などを実現する3段階の目標を設定した。

第1段階では2025年までに世界の製造強国の仲間入りを果たし、第2段階では2035年

図表1-2 「中国製造2025」の三段階目標

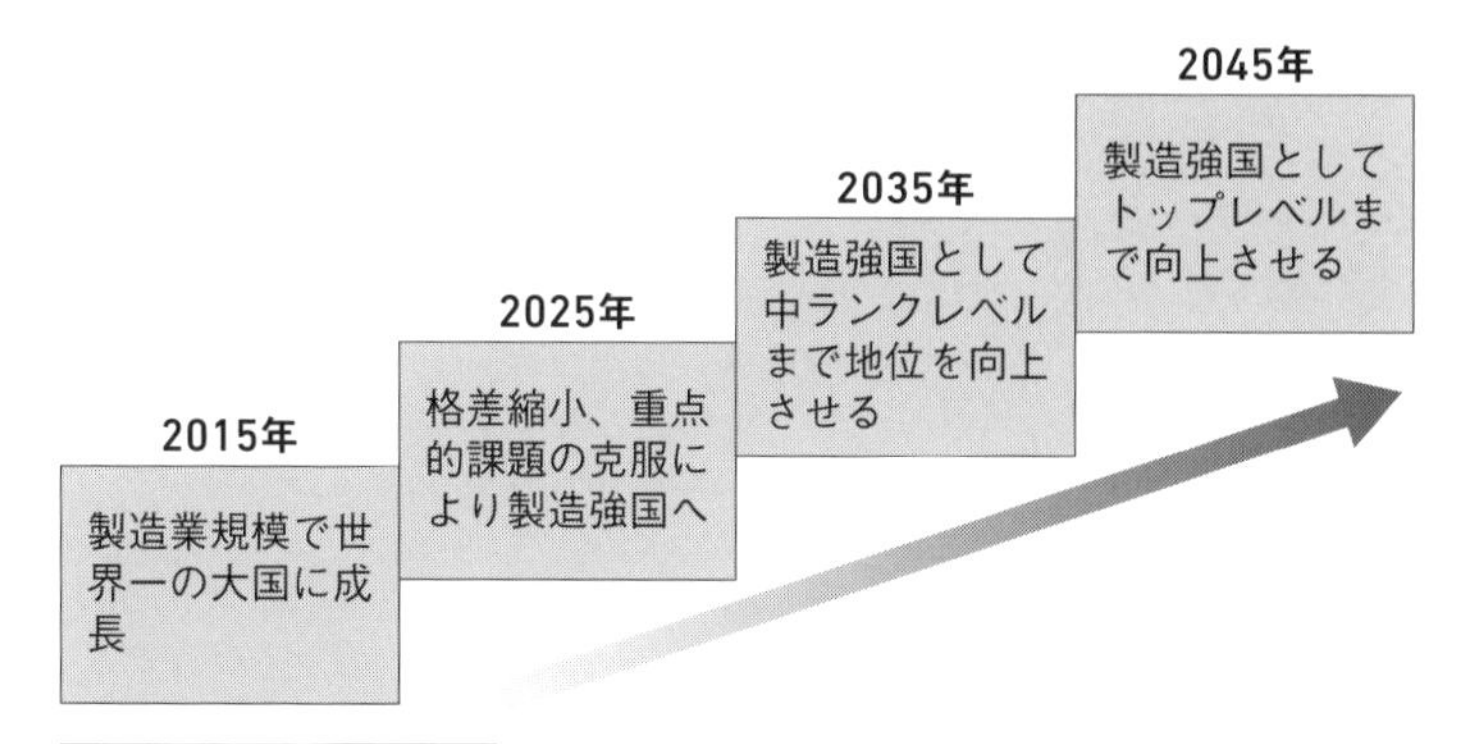

【第1段階（2015～25年）】	【第2段階（2025～35年）】	【第3段階（2035～45年）】
2025年までに製造業全体の質向上を図り、日独の工業化達成時の水準に近づき、中国が製造強国の仲間入りを果たす	2035年までに製造強国上位国第二陣の水準まで達し、製造強国としての地位向上を図る	2045年、または2049年までに世界の製造強国トップグループの仲間入りを果たし、世界をリードする製造強国となる

（出所）国務院「中国製造2025」

までに世界の製造強国の中位に到達する。第３段階では２０４５年までに製造大国としての地位を固め、世界の製造強国のトップレベルへ躍進するという目標だ。

「中国製造２０２５」はハイエンド製造業の強化、戦略的新産業の育成、伝統製造業の高度化に焦点を絞り、①次世代情報技術（ＩＴ）、②先端ＮＣ工作機械・ロボット、③航空宇宙設備、④海洋エンジニアリング設備・ハイテク船舶、⑤先端鉄道・交通設備、⑥省エネ・新エネルギー自動車、⑦電力設備、⑧農業設備、⑨新素材、⑩バイオ医薬・先端医療機器といった10大産業の発展を図ろうとしている。「中国製造２０２５」は、ＩＴと製造技術を融合するスマートファクトリーの実現に

図表1-3 「中国製造2025」の10大産業と概要

	分類	概要
①	次世代情報技術(IT)	集積回路・装置の技術向上、5Gや次世代インターネット技術の発展、基本ソフトや工業ソフトの開発
②	先端NC工作機械・ロボット	高性能NC装置・3Dプリンター・工業用ロボット・特殊ロボット・生活用ロボットの開発
③	航空宇宙設備	大型航空機・次世代ロボット・大型宇宙船の開発、ドローン・ヘリコプター事業等の推進
④	海洋エンジニアリング設備・ハイテク船舶	深海探査・資源開発の利用、海上産業用設備・システムの強化
⑤	先端鉄道・交通設備	省エネ化・スマート化製品の開発、世界最先端の軌道交通産業の形成
⑥	省エネ・新エネルギー自動車	EV・FCVの推進、電池・駆動装置・スマート製造などの強化、中国ブランドNEVが世界一流水準へ
⑦	電力設備	高性能大型火力発電機の実用化、大型水力・原子力発電機の製造強化、新エネ・再生エネの支援
⑧	農業設備	特殊金属材料・高機能材料・複合材料等の開発、ナノ材料、バイオ材料の基礎研究の強化
⑨	新素材	化学薬品、漢方、バイオ医薬の開発支援、高性能医療装置の製造能力の増強
⑩	バイオ医薬・先端医療機器	食料、戦略物質の生産や物流・貯蔵関連装置・部品の開発支援

(出所) 国務院「中国製造2025」

より、自動化や生産性の向上を目指している。なかでも裾野が広く、かつ難易度が高い自動車産業の振興は中国製造業の高度化において極めて重要だ。

現在「メイド・イン・チャイナ」の家電・IT製品は世界市場を席巻しているのに対し、中国最大の製造業で中国経済の屋台骨でもある自動車産業は大きく出遅れている。自動車の生産は決められた工程に従って進められるライン生産方式が主流となり、多くの製造設備をラインに組む必要があるため、製品仕様の多様化を実現することは簡単ではない。一方、スマートファクトリーは、ロボットがネッ

図表1-4　「中国製造2025」の発展目標

	指標	2020年	2025年
革新能力	企業の営業収益に占める研究開発費の割合	1.26%	1.68%
	企業収益1億元当たりの有効な発明特許件数	0.7件	1.1件
質の向上	製造業の質の競争力指数	84.5	85.5
	製造業の付加価値率の上昇	2015年比 2ポイント増	2015年比 4ポイント増
	製造業全従業員の労働生産性成長率	約7.5%	約6.5%
デジタル化	ブロードバンド普及率	70%	82%
	デジタル研究開発ツール普及率	72%	84%
	コア工程のデジタル制御率	50%	64%
グリーン経済	1単位工業付加価値当たりの二酸化炭素の排出量削減	2015年比 22%減	2015年比 40%減
	1単位工業付加価値当たりの水消費量削減	2015年比 23%減	2015年比 41%減
	工業固体廃棄物の総合利用率	73%	79%

（出所）国務院「中国製造2025」

トワークを通じてあらゆる情報にリアルタイムにアクセスでき、情報に応じて自由に生産方式や製品を組み替えて最適な生産を行う。顧客ごと、製品ごとに異なるデザインや生産、配送までを円滑に実現することが可能となる。

ＮＥＶ産業はスマート化生産によるコストダウンや生産量の増加だけでなく、電池、車載部品、機械装置、ソフトウェア、それを作る素材の生産を含め、その波及効果は極めて大きい。前述の10大産業のうち、①次世代情報技術（ＩＴ）、②先端ＮＣ工作機械・ロボット、⑨新素材の３つの産業はいずれもＮＥＶ産業との連関が高い分野である。

大胆な自動車市場開放政策

２０１８年７月６日、米国は、中国による知的財産権への侵害を理由に、自動車や産業ロボットを含む総額３４０億ドルの中国製品に対し25％の追加関税を発動。これを受け中国も同日、自動車や原油など同規模の米国製品に同率の追加関税をかけた。

中国政府は貿易摩擦がエスカレートすることを望んでいないものの、自国産業の発展や国民感情に配慮すれば、米国の対中強硬策は到底受け入れられないものだ。一向に収まりのつかない米中貿易摩擦をめぐる報復合戦が始まった。

米国は、中国の国策「中国製造２０２５」および中国政府が巨額の補助金を投入して育成しようとするハイテク産業を報復の標的にしているように思われる。２０１７年４月のボアオ・アジアフォーラムで習近平国家主席は、自動車輸入関税の引き下げや外資出資制限の緩和に言及し、対米貿易黒字の削減に協力する姿勢を示していた。

２０１９年３月に開催された第13回全国人民代表大会で成立した「外商投資法」は、外国企業への強制技術移転の禁止や、知的財産権の侵害に対する法的処罰等が規定されている。これまで中国では「中外合資経営企業法」「中外経営協力企業法」「外資企業法」の「外資三法」と呼ばれる外資系企業の投資法が確立していた。一方、「国内産業向けの補助金や外資企業の知的財産権の侵害」などについては米国からの批判もあった。新たな外商投資法は、対米貿易摩擦の解消に取り組む中国にとって、外資企業に国内事業環境の透明性の確保を約束するものだ。

自動車産業については、政府は２０１８年６月、大胆な市場開放政策を打ち出した。

中国政府は1994年に「中国自動車産業政策」を公布し、外資企業の中国での自動車生産を合弁形態でのみ可能とさせ、合弁相手は2社まで、出資比率も上限50%といった制限を設けている。しかし、2001年のWTO加盟後、17年間続いた産業保護政策は国際社会から批判を浴びている。これにより、自動車出資制限の撤廃は3段階に分けて実施される。

第1段階として、2018年内にNEV市場における外資の出資制限を撤廃した。第2段階で、2020年に商用車市場を開放する。第3段階では、2022年に乗用車の生産における外資出資比率の制限および合弁相手を2社までとする制約を撤廃する。これにより中国自動車産業は、2022年に全面的に外資に開放されることになる。

NEV市場の早期開放から中国政府の自信のほどがうかがえる。民族系メーカーが寡占する商用車市場では、外資企業にとって、規制緩和の効果は限定的であろう。一方、中国新車販売の8割超を占める乗用車の規制緩和は市場開放の最終段階であり、今後、外資系自動車メーカーの中国事業は、以下の3つの選択を迫られると予想される。

1つ目は、中国で100%出資の子会社を設立することにより中国での経営の自由度を高めること。2つ目は、合弁企業の出資比率を50%以上に引き上げることで連結子会社とし、合弁相手に対する発言力を高めること。3つ目は、合弁企業に強い発言力を持つ外資企業が3社目の合弁企業を設立することである。

しかし、合弁相手に対する発言力が強く、かつブランド力の高い外資企業にとっては、今後も中国事業を拡大する余地はあるものの、煩雑な手続きおよび不透明な許認可制度を考慮すれば、上記の戦略を安易に選択できないといえよう。中国での合弁事業は、中国企業による政府や規制に対する対応と、外資企業による技術・ノウハウといった役割分担が今後も存在すると見られる。このため、合弁相手との良好なパートナーシップが損なわれると、さまざまな影響が出てくる。ガソリン車は既存の合弁が続くとの見方が一般的だが、予想外の変化が起きる可能性がないわけではない。

中国政府の狙いは、国際社会に市場開放をアピールすると同時に、市場競争や業界再編を通じて民族系ブランドの育成を加速させることにある。今後はブランド力の高い外資企業による新技術・製品の投入が予測され、民族系自動車メーカーは厳しい競争にさらされる。

3　中国ドイツ連合が目論むＥＶ化による世界制覇

活発化する中独製造業の連携

１９７８年に訪日した鄧小平は日産自動車の座間工場でロボット作業を見学し、日本の製造業の近代化を高く評価した。その後、中国には日本の製造業から学ぼうとする気運が高まり「日本ブーム」が沸き起こった。中国政府はこのときトヨタ自動車に中国進出を要請したが、当時、日米貿易摩擦の真っただ中にあったトヨタは中国事業にまで手が回らなかった。

一方、フォルクスワーゲン（ＶＷ）は１９８５年、上海汽車と合弁企業を設立し、外資の先陣を切って中国に進出した。トヨタに要請を断られた中国にとって、ＶＷの進出は救いの手を差し伸べられた格好となったのである。現在、ＶＷは中国自動車市場で圧倒的な強さを維持し、他にアウディ、ダイムラー、ＢＭＷのドイツ系３社が、高級車市場トップ３の地位にある。

これまでの経緯から、中国自動車産業の発展は独自動車産業の影響を強く受けており、両国政府の連携も活発に行われてきている。

２００９年８月、ドイツ政府は「電気自動車国家開発計画」を打ち出し、国内を走行するクルマを２０２０年までにＥＶ１００万台に、２０５０年までにはすべてＥＶに切り替えると発表した。ドイツがＥＶに舵を切ることは、ドイツ留学経験者である万鋼科学技術大臣が唱えた中国の次世代自動車産業構想と一致する。２０１０年７月、中国政府とドイツ政府はＥＶ分野での協力で合意し、２０１１年６月には「ＥＶ分野における戦略提携の共同声明」を発表した。

２０１２年、中国政府はＥＶシフトを決定し、中国工業情報省とドイツ経済技術省はＥＶの業界標準、普及の奨励政策、研究開発など多分野にわたる提携を開始した。また、ＥＶシフトにかかる製造業の高度化において両国は、２０１４年に「中独協力行動綱要」を発表し、スマートファクトリーの協力でも合意した。

２０１５年以降、両国の協力は政府レベルから民間レベルにまで及んでいる。「中独（瀋陽）ハイエンド設備製造産業パーク」をはじめ、中国とドイツは共同で複数のスマートファクトリー工業団地を建設し、そこにドイツ企業も誘致されている。２０１６～18年、中国工業情報省が公表した「中国ドイツ企業のスマートファクトリープロジェクト」は計31件に達した。

一方、２０１７年、「ＥＶシフト」へ大きくハンドルを切った英仏は、２０４０年までにガソリン・ディーゼル車の販売を禁止する方針を打ち出した。これに対しドイツ連邦参議院は、２０３０年以降に内燃機関車の販売を禁止する決議を採択したものの、メルケル首相はディーゼル車技術の改良とＥＶシフトの同時進行を強調した。しかしドイツ自動車メーカーはこれまでディーゼル車に力を入れていたものの、燃費の改善は進まなかった。結果的には、日本企業が得意なフルＨＶを避け、過渡期としてのマイルドＨＶ（電源電圧を48ボルトに引き上げたモーター・電池パックなどの組み合わせ）の開発を進めている。

欧州は２０３０年に世界で最も厳しい燃費規制を導入する。だが既存技術の延長だけでは達成は難しいと見られ、ドイツ自動車メーカーはＥＶやＰＨＶへのシフトを迫られる。特にＶＷは、ディーゼル車の排ガス試験の不正発覚後、ＥＶを強化する次世代自動車戦略に急転換した。中国市場がＥＶに舵を切ったことは、ドイツ自動車メーカーのＥＶシフトを後押しする。ドイツＥＶが中国市場で競争優位なポジションに立てれば、そのノウハウを活かし欧米のＥＶ市場に進出することも期待できるだろう。

ＥＶ化による世界制覇を狙う「中国ドイツ連合」

両国の約10年にわたるＥＶやスマートファクトリー分野の提携により、中国でＥＶシフトが加速し、ドイツ自動車メーカーはＥＶ分野での布陣固めを急ぐ。昨今、自動運転技術やスマートカー分野における中国とドイツの提携は増えている。

２０１８年5月、中国の李克強総理はメルケル首相と北京で会談し、「技術革命に両国で一緒

CATL・ドイツ・チューリンゲン州での電池工場建設調印式に出席した中国総理（写真後方左）とメルケル首相（同右）

（出所）CATL提供

に向き合いたい」と強調した。同年7月に両氏はベルリンで自動運転の分野で協力を強化する覚書（ＭＯＵ）を交わした。それに合わせる形で、ＢＭＷが中国での生産能力の増強やＥＶの生産を決定し、ＶＷとその傘下のセアトが江淮汽車（ＪＡＣ）と共同でＥＶや自動運転技術の開発を行う。一方、中国車載電池大手のＣＡＴＬは、ドイツ・チューリンゲン州での電池工場建設を発表した。

２００５年に就任したメルケル首相の中国訪問は実に12回に上った。中国の温家宝元総理および李克強総理とメルケル首相の強力なサポートの下で、製造業を中心とする両国の協力は順調に進んでいる。

ドイツ「インダストリー４・０」は、中国で先端の製造技術をサービス事業として展開することを目指す。中国にとってはドイツの製造ノウハウを活用することで産業高度化の実現が期待できる。両国にはＥＶ、スマートファクトリー、ＩＴなど幅広い先端分野で蜜月関係が生まれた。これにより中独貿易が拡大し、ドイツ自動車関連企業の中国収益は大きく伸びている。

現在、VW、ロバート・ボッシュ、コンチネンタルなどドイツ主要自動車関連企業と中国の大手IT企業、新興EVメーカー、電池メーカーが一体となってEVや自動運転車の開発を進めている。またアリババとシーメンス、華為（ファーウェイ）とDHLなどIoT分野での中独提携の事例も挙げられる。

スマートファクトリーや次世代自動車開発の本格化に伴い先端技術の獲得を急ぐ中国企業は、自動運転に欠かせないビッグデータを取得しようとするドイツ企業と協力して、ウィンウィンの関係を構築することを望んでいる。

中独企業がEV充電規格、自動運転プラットフォーム、標準化された先端製造、システム部品など業界スタンダードを確立できれば、「中国のAI技術×独スマートファクトリー技術×中国メガEVメーカー×独メガサプライヤー」の組み合わせという「中国ドイツ連合」の布陣でもって、EV化による世界自動車市場の制覇を射程に入れることができるだろう。

第2章　中国の自動車強国入りを阻む足かせ

1　「市場を技術と交換」政策の功罪

「改革開放」前の中国自動車産業

中国で自動車生産の重要性を初めて提起したのは、1914年に刊行された孫文の著作『建国方略』である。1931年、張学良が「民生」ブランドのトラックを試作し、36年には、上海に設立された中国汽車製造公司がベンツとの提携によりトラックの生産を計画し、中国国民党資源委員会によるトラック工場の建設計画もあった。しかし戦争によりその計画は実現しなかった。

中国の自動車産業の幕開けは、旧ソ連トラックメーカーのZILが技術支援し、1953年に設立された国営の第一汽車製造廠（現在の中国一汽）による、トラック生産の開始である。1956年、第一汽車は「解放」ブランドのトラックの生産能力を約3万台に拡大させ、中国初

第一汽車「紅旗」ブランド車　上海汽車「上海」ブランド車

（出所）筆者撮影

の国産セダンも開発した。

１９５８年、毛沢東が主導した「大躍進政策」（全国的に実施された農業と工業の大増産キャンペーン）により、南京汽車、上海汽車、済南汽車、北京汽車の４社が設立された。１９６５年時点で、中国における自動車保有台数は29万台、メーカー５社の生産能力は合わせて６万台であった。１９５０～65年はソ連の技術援助により支えられた中国自動車産業の草創期であった。

１９６０年代末、中ソ戦争に備えるため、政府はソ連が進攻しにくい内陸地域に第二汽車製造廠（現在の東風汽車）、陝西汽車、四川汽車の３社を建設し、軍用オフロード車の生産を開始した。１９７０年代に入ると、中国各地に小規模の専用車、改装車メーカーが設立された。

当時の国産乗用車としては、１９５８年に生産を始めた高級車ブランド「紅旗」（第一汽車）および中高級車ブランド「上海」（上海汽車）が知られている。「紅旗ＣＡ７００」はクライスラーＣ69を模倣して作られ、政府中級幹部やビジネス接待用車として作られた「上海ＳＨ７６０」はベンツ２２０Ｓの仕様であった。１９７０年末、中国自動車保有台数は約１７０万台、そのうちトラックが全体の9割を占めた。乗用車は主に公用車として使用され、生産台数は少なかった。

「市場換技術」方針の実施

1970年代末、鄧小平を指導者とする中国政府は、11次3中全会（1978年12月）で改革開放政策を取り、漸進的に市場経済と資本主義を柱とする体制への転換を図った。

鄧小平の特別認可を受けた中国第一機械工業部と北京市政府は1979年、北京汽車とアメリカン・モーターズ（1984年にクライスラーの傘下入り）の合弁事業を主導し、北京吉普汽車を設立した。VWは1985年、上海汽車と合弁企業を設立し、欧州企業の先陣を切って中国に進出した。その後中国政府は、外資系企業に国内市場の一部を開放する代わりに技術移転を求めるという、「市場換技術」方針を定めた。

1986年の「第7次5カ年計画（1986〜90年）」では、自動車産業を中国のリーディング産業に位置付けることが初めて明確にされ、中国政府は国内メーカーに対し、海外からの先進技術導入や外資系企業との合弁会社設立を支援した。1987年になると中国政府は、乗用車の発展を図ろうとし、「三大三小二微」（第一汽車、上海汽車、東風汽車の三大メーカー、広州汽車、北京汽車、天津汽車の三小メーカー、貴州航空工業、長安汽車の二微メーカー）という産業政策を打ち出した。なお、上記メーカーは現在、貴州航空工業を除くと、いずれも合弁で外資系企業のブランド車を生産している。

こうした合弁事業による先進技術の導入と生産管理ノウハウの吸収は、中国自動車産業の発展に大きな役割を果たした。しかし１９８０～89年は、自動車産業政策の整備や技術導入を模索していた時期であり、中国の年間自動車生産台数は１９８０年に22万台、90年でも50万台に過ぎなかった。

天安門事件（１９８９年）により外資系企業の中国向け投資が停滞した時期を経て、中国政府は１９９１年に「全国汽車工作会議」を開催し、生産の軸を商用車から乗用車（セダン）に転換する方針を示した。鄧小平の「南巡講話」（１９９２年）以降、中国政府が外資を積極的に導入した結果、資本や技術が中国に流入した。これらもまた中国の自動車産業の発展に大きく貢献した。

そして中国政府は１９９４年、外資系企業の誘致を推進するため、中国初の自動車産業政策となる「汽車工業産業政策」を発表した。１９９０～２０００年は、中国の自動車産業界が先進技術を本格的に導入した時期である。この時期、第一汽車とＶＷ（１９９１年）、長安汽車とスズキ（１９９４年）、上海汽車とＧＭ（１９９７年）、広州汽車と本田技研工業（１９９８年）の合弁企業が相次いで設立され、中国の自動車産業は成長軌道に乗ることになった。

外資系企業の中国進出は、中国のＷＴＯ加盟（２００１年）を契機にさらに加速した。中国の年間自動車生産台数は２０００年に２０７万台、05年に５７１万台、07年には８８８万台に到達した。

２００４年版の「汽車産業政策（新自動車産業政策）」により、国内市場シェア15％以上の企業グループ各社は独自の事業戦略を立てることが認められ、また外資系企業との提携も推進され

図表2-1　中国における主な自動車合弁企業設立の概要

設立年	主な出資先	合弁企業名
1979年	北京汽車、アメリカン・モーターズ	北京吉普汽車
1985年	重慶慶鈴、いすゞ	慶鈴汽車
	上海汽車、VW	上海大衆汽車
	広州汽車、プジョー	広州標致汽車
1991年	第一汽車、VW	一汽大衆汽車
1992年	東風汽車、PSA	神龍汽車
1993年	東風汽車、日産	鄭州日産汽車
	江鈴汽車、いすゞ	江鈴五十鈴汽車
1994年	長安汽車、スズキ	重慶長安鈴木汽車
	西安飛機工業、ボルボ	西安西沃客車
	桂林客車、大宇	桂林大宇客車
1995年	江西昌河、スズキ	江西昌河鈴木汽車
	江鈴汽車、フォード	江鈴汽車（股）
1997年	上海汽車、GM	上汽通用汽車
1998年	広州汽車、ホンダ	広州本田汽車
1999年	南京汽車、フィアット	南京菲亜特汽車
2000年	一汽夏利、トヨタ	天津一汽豊田汽車
	上海汽車、ボルボ	上海申沃客車
2001年	長安汽車、フォード	長安福特汽車
2002年	北京汽車、現代自	北京現代汽車
2003年	瀋陽飛機工業、日野	瀋飛日野汽車
	華晨汽車、BMW	華晨宝馬汽車
	東風汽車、日産	東風汽車（有）
	中国重汽、ボルボ	済南華沃卡車
	東風汽車、ホンダ	東風本田汽車
2004年	広州汽車、トヨタ	広汽豊田汽車
	北京汽車、ダイムラー・クライスラー	北京奔馳戴姆勒汽車
2007年	福建汽車、ダイムラー・クライスラー	福建戴姆勒汽車
	広州汽車、日野	広汽日野汽車
2009年	第一汽車、GM	一汽通用軽型商用汽車
2010年	広州汽車、フィアット	広汽菲亜特克莱斯勒汽車
	長安汽車、PSA	長安標致雪鉄龍汽車
2011年	奇瑞汽車、Qoros	観致汽車
2012年	広州汽車、三菱自	広汽三菱汽車
	奇瑞汽車、ランドローバー	奇瑞捷豹路虎汽車
2013年	東風汽車、ルノー	東風雷諾汽車

（出所）各社報道

ることになった。これにより前述の「三大三小二微」政策が消滅、実質的な規制がなくなり、業界に参入できるようになることで多くの民族系自動車メーカーが生まれた。

自動車生産の拡大

２００８年秋以降の世界的な金融危機の影響を受け、中国政府は２００９年に「自動車産業振興計画」を打ち出し、同産業の持続的成長を図った。この計画は主要９大産業振興策の一環として発表されたもので、乗用車の購入税の引き下げ、自動車の買い替え補助、自動車・自動車部品メーカーの再編などの支援策を規定している。これを受け中国の自動車生産台数は、２００８年に米国、09年には日本を抜いて世界第1位となり、自動車産業は中国の基幹産業として位置付けられ、中国経済を牽引する役割を担っている。

現在、全国では６大自動車産業集積地が形成され、地域ごとに有力な自動車グループが立地している。また全国には省・市レベルの自動車工業団地が１００カ所以上あり、地方政府も自動車関連企業の誘致に力を入れている。

華南地域に位置する広東省は、中国最大の自動車生産地となっている。省都の広州市には広州汽車と日系完成車メーカーを中心に、サプライヤー約６００社規模の自動車産業が集積している。市東部地域の広汽ホンダ、北部地域の東風日産、南部地域の広汽トヨタの「日系自動車ビッグスリー」が半径40キロメートル圏内に集結しており、多くの系列サプライヤーも現地進出を果たしている。

図表2-2　日米中独の自動車生産台数の推移

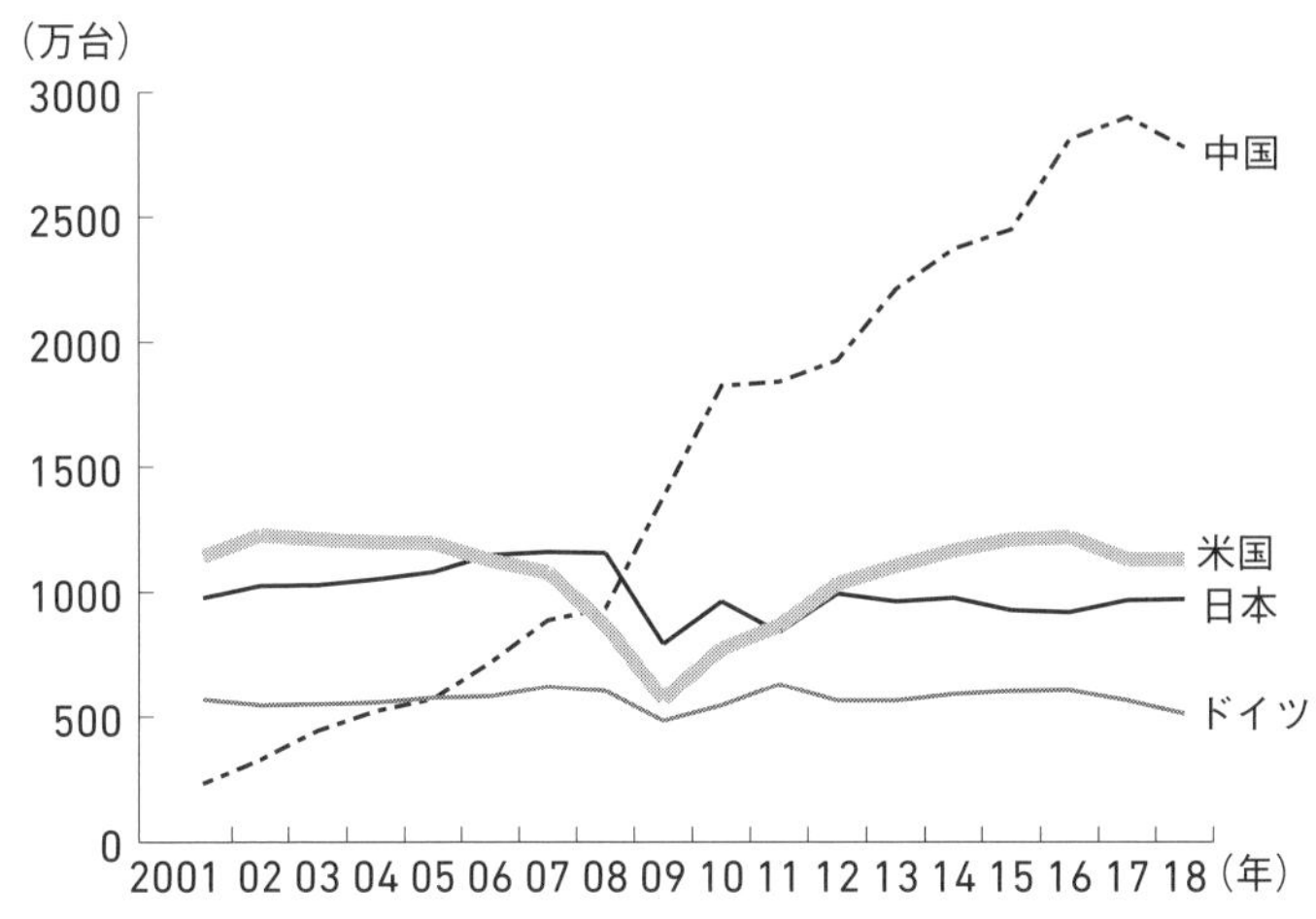

（出所）中国汽車工業協会、JAMA、OICA

広州の自動車生産台数は２０１２年の１３８万台から18年は２９６万台へと増加した。広州市政府は２０１８年に「広州自動車産業２０２５戦略」を公布し、25年に自動車の生産能力を５００万台に引き上げ、中国最大の自動車生産都市を目指している。

華東地域の自動車産業は主に上汽ＶＷや上汽ＧＭなど完成車メーカーが立地する上海周辺、外資系サプライヤーが進出する江蘇省の蘇州・無錫エリア、地場部品メーカーが集中する浙江省の台州・杭州・寧波エリアに集積している。２０１８年、上海市の自動車生産台数は２９７万台で、広東省に次ぐ第２位となった。

中部地域の武漢には東風汽車を中心に、東風ホンダ、東風ルノーなど乗用車メーカー８社、部品メーカー約３００社が立地している。同市政府も「世界自動車シティ計画」

図表2-3　中国地域別の自動車生産台数

（万台）

	2009年		2013年		2018年	
	地域	生産台数	地域	生産台数	地域	生産台数
1	北京	127	広東	254	広東	321
2	上海	125	吉林	234	上海	297
3	重慶	118	上海	226	吉林	276
4	広西	118	北京	204	湖北	241
5	広東	113	重慶	202	広西	215
6	吉林	110	広西	187	重慶	172
7	湖北	108	湖北	159	北京	165
8	安徽	86	江蘇	110	江蘇	121
9	天津	60	遼寧	108	河北	121
10	山東	55	山東	105	浙江	119

（出所）中国統計局

「産業チェーン整備プロジェクト」を打ち出し、生産能力の増加および現地調達率の向上を図っている。

こうした外資系完成車メーカーや部品メーカーを中心とするミドル・ハイエンド製品、機械・設備の集積、大手国有企業グループ傘下の部品メーカーを中心とするローエンド製品の集積、東部沿海地域の独立系民営部品メーカーを中心とするローエンド汎用部品や部材の集積という三層構造の形成が、外資系ブランド車と地場ブランド車の棲み分けを可能とし、中国自動車産業の規模拡大に大きな役割を果たしたのである。

中国自動車市場の巨大化

中国では、工業化の進展や国民所得の増加を受け、マイカーブームが広がっている。自動車販売台数は、２００９年に１３６４万台（米国を抜き世界第１位）、17年には前代未聞の２８７８万台を記録した。

中国のモータリゼーションは、沿海大都市を中心に2000年代前半にスタートしたが、08年のリーマン・ショック以降は中国政府の内需拡大政策により、沿海大都市から中西部都市に拡大する傾向にある。一方、2012年以降、中国政府はGDP成長率の目標を引き下げ、産業構造の転換を図っており、中国経済も「高度成長」から「中成長」に転換した。

このように経済成長と連動する形で自動車市場の成長トレンドも変化が見られた。新車販売の平均伸び率を見ると、2001〜07年の23%(市場始動期)、2008〜14年の16%(高度成長期)に対し、2015〜21年(安定成長期)には約3%に減速すると予測される。

実際、2018年の中国新車販売は前年比約3%減の2805万台、28年ぶりにマイナス成長となった。足元の減速は一過性の調整に過ぎないとの見方もあるが、中国自動車市場の高度成長期が終焉を迎えたことを示唆していると見る向きもある。

中国では、地域発展のアンバランスや貧富格差の拡大等、自動車販売を抑制する要因は多く、市場の拡大および周期的調整はこれらの要因により大きく影響を受ける。

2019年6月時点で、中国の自動車保有台数は3・2億台に達し、道路の交通容量や駐車場の不足が顕在化、大都市圏での渋滞が大きな問題となっている。そこで北京や上海などの8都市・地域がナンバープレートの発行規制を導入し渋滞緩和を図っており、結果として都市部の多くの人々は自動車を購入できない状況である。実際、人口2200万人規模の北京市では、300万人超の新車購入希望者に対し、ガソリン車ナンバープレート発給数は4万枚にとどまっ

図表2-4　中国自動車市場の成長段階

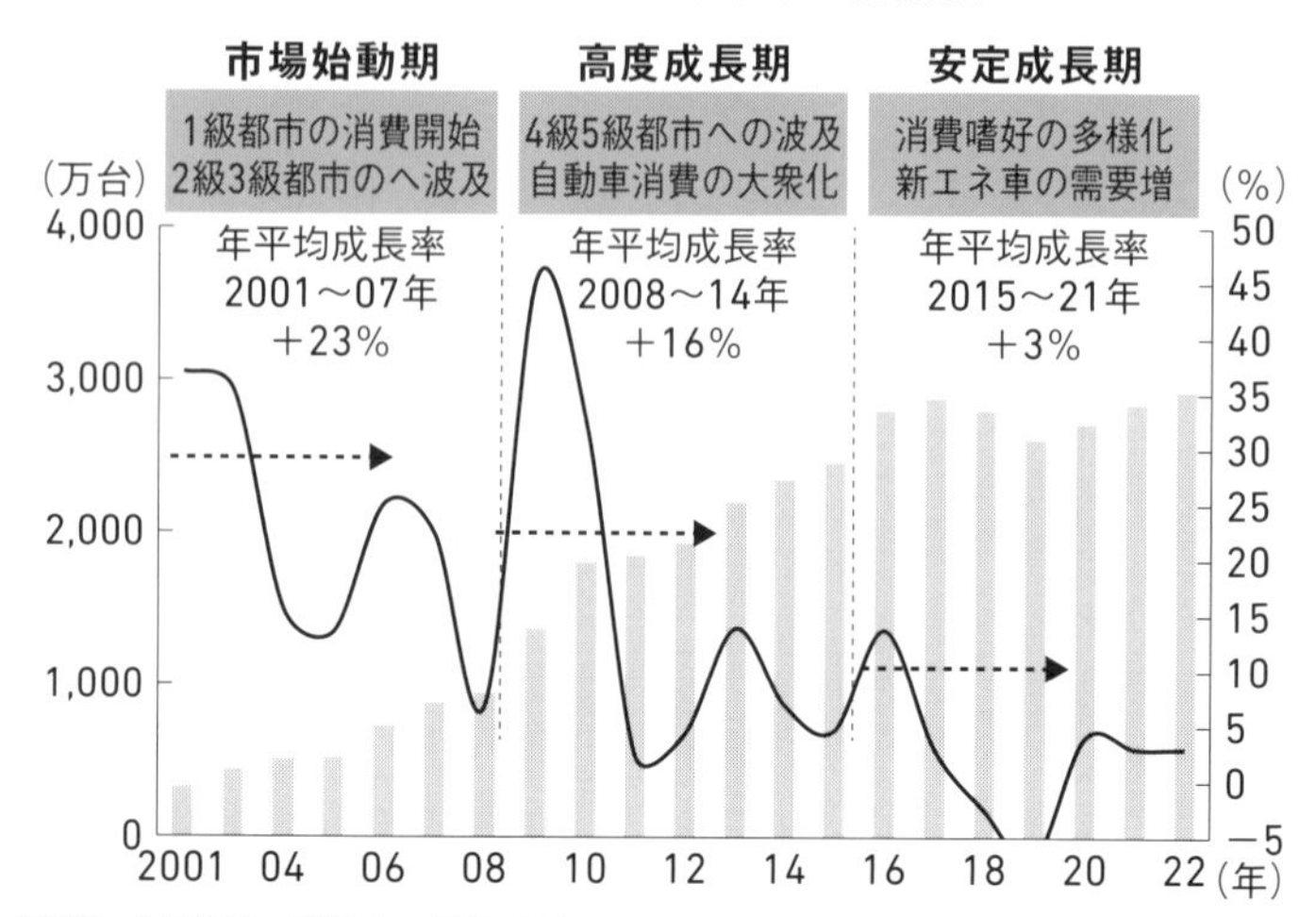

（出所）中国汽車工業協会、筆者予測

ている。

また、中国の小型車減税策により、排気量１・６リットル以下の小型車に対しては、その車両価格の10%に相当する購置税が引き下げられた。２０１７年に終了したこの減税策は、実施後の２年３カ月間で約７００万台の小型車販売増に寄与したものの、政策による消費喚起は両刃の剣であり、需要の前倒しは２０１８~20年の新車販売台数に影響を与える。

日本・韓国の歴史的経緯を見ると、中国のモータリゼーションは数十年ほど遅れて日韓と同様の成長段階に入ったと捉えることができる。１０００人当たりの自動車保有台数を見ると、日本は東京五輪の１９６４年の22台から74年の１５０台、２０１８年の６１８台へ、韓国はソウル五輪の１９８８年の21台から98年の１７０

図表2-5　国民100人当たりの年間新車購入台数

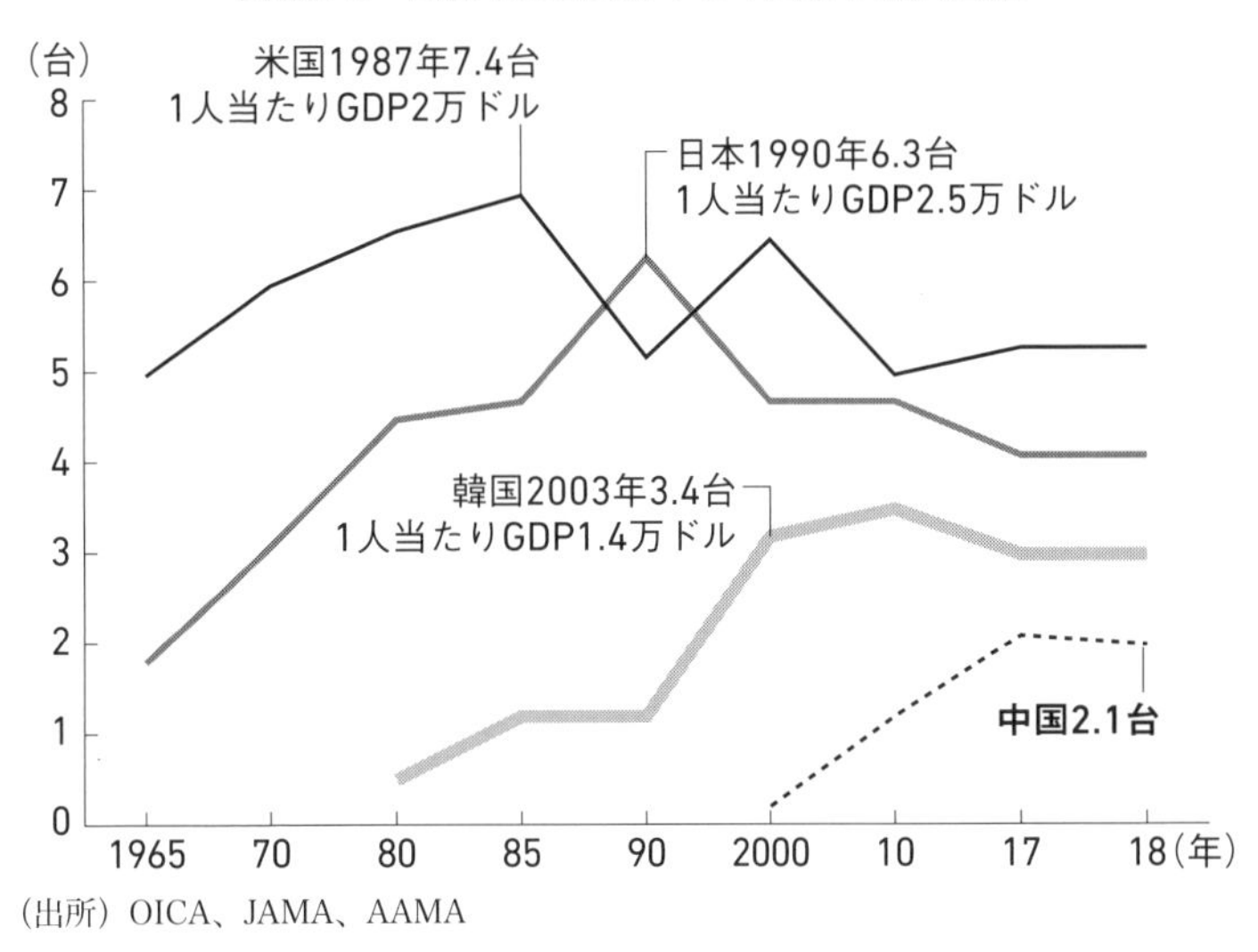

(出所) OICA、JAMA、AAMA

台、2018年の434台へと上昇した。中国は北京五輪の2008年に37台、18年には170台に達したものの、依然として自動車は普及の途上にある。

もう1つ参考になるのは、国民100人当たりの年間新車購入台数だ。米国では1987年に100人当たり7・4台の新車を購入し、市場需要のピークとなった。日本では1990年がピークとなり、6・3台であった。中国を見ると、2018年に100人当たりの年間新車購入台数は2・1台に過ぎない。

ただし、中国自動車市場の見通しについては、マクロデータだけでは解釈できないことも多い。仮に中国の新車市場の伸びが頭打ちになったとしても、3000万台の規模まで成長は可能であると考えられる。

中国自動車市場の成長と調整は、短期的

には新車販売の動向を左右する政策・規制などの影響を受けやすいと見られる。しかしながら、中長期的には、同市場のポテンシャルは依然として高く、2025年には新車市場3200万台規模に達すると予測される。また、中国は地理的・気候的条件が多様で、NEV販売のハードルとなる要因が少なくない。当面はガソリン車・NEVの共存が続くとしても、強力な政府の政策の後押しによって、NEV市場は確実に拡大していくだろう。

2 中国で独走しているVWの焦燥

中国市場に懸けるVW

VWグループ（アウディやセアト、シュコダなどを含む）の2018年の世界販売台数は、過去最高の1083万台。ルノー・日産・三菱アライアンスやトヨタを上回り、3年連続で世界トップに立った。上記3グループの世界販売台数に占める中国の割合を見ると、ルノー・日産・三菱アライアンスが17%、トヨタが14%であったのに対し、VWは38%となった。欧米事業の収益減を補完するために、VWは最重要となる中国市場をさらに強化するのは当然であろう。

VWは上海汽車、第一汽車と合弁で、それぞれ上海VW（1985年）、一汽VW（1991年）を設立した。早い時期に中国市場に進出したため、タクシーや官公庁用車など幅広い需要を確保し、1990年代の中国乗用車市場を寡占した。2000年以降、日米企業の現地生産拡大により、VWのシェアは2001年の51%から2005年の16%へと大きく低下した。

その後、ＶＷは、「ŠKODA」ブランドの現地生産や中国専用ブランドの開発に加え、「２０１８戦略」や「南方戦略」を打ち出した。前者は、ＴＳＩ直噴式エンジン（２００７年）、ＤＳＧ型トランスミッション（２００９年）の導入により、世界最先端のパワートレイン技術で中国消費者にアピールし、日系企業が得意とするＨＶ技術の中国普及を困難にした。後者は、広州に近隣する佛山における年産60万台の新工場の建設や販売網の整備等を軸とする攻勢で、日系車の牙城である華南市場でシェアの拡大を果たした。

中国では、ＶＷは２０１８年に販売台数４１４万台（トヨタ自動車の２・８倍規模）、合弁子会社の上汽ＶＷと一汽ＶＷは中国乗用車市場で第1位、２位の実績を示した。複数ブランドの現地生産や中国仕様車種・新技術の導入に加え、他社を一段と圧倒する生産規模はＶＷの「見える強さ」だ。

一方、中国市場の人脈優位性を最大限に活用し、ドイツ政府による強力な後押しにより積極的な事業計画を推進することはＶＷの「見えない強さ」であろう。ＶＷは積極的に最新技術を中国に導入し、政府間の外交関係をうまく活用しながら燃費・安全等における技術の先進性を中国政府に提案する。このプロモーション戦略により中国の産業政策に影響を与えられれば、自社の技術基準で業界スタンダードの確立が容易になり、ドイツ系システムサプライヤーとも連携し、中国系企業にモジュール製品を提供することも視野に入る。

このような取り組みは一企業としての活動を遥かに超えるため、日系自動車メーカーにとっては真似し難い強さといえる。上記の強みを活かしたＶＷは、危機対応能力も備えてきており、不

図表2-6　グループ別の中国乗用車市場シェア

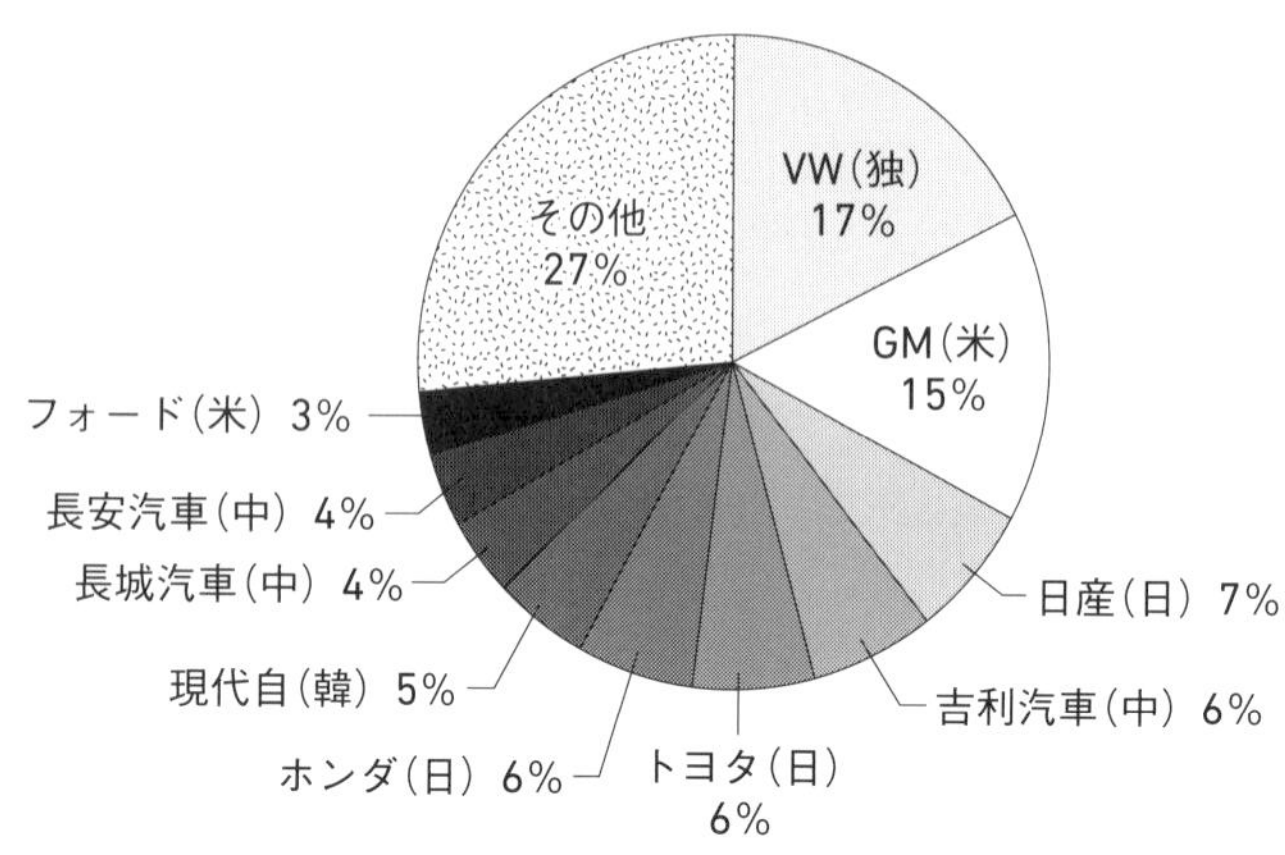

（出所）中国汽車工業協会

祥事が同社の市場優位を崩す可能性は小さい。ただ、「ものづくりへのこだわり・高品質」の代名詞であるドイツ車に対する中国消費者の信頼度は次に述べるように徐々に低下してきているといえよう。

ＶＷが直面する脅威

ＶＷは中国で事業を拡張するかたわら、品質問題も多発しており、アフターサービスや消費者への対応も遅れている。２０１３年にＤＳＧ変速機の欠陥（38万台のリコール）を、15年には「ｅａ８８８」エンジンのオイル漏れおよび「Sagitar」ギアボックスの欠陥（56万台のリコール）を公表した。自動車のリコール情報を提供する「車質網」が集計した２０１３〜18年の苦情（品質、アフターサービス等）のうち、ＶＷに関するものが最も多い。

近年、中国ではＳＵＶの好調とセダンの低迷といった市場構図が鮮明であるなか、ＶＷは日本勢と比べてＳＵＶラインアップの面で後れを取っていた。また、在庫圧力が強まっているなか、セダンを中心とする激しい値下げ競争の影響を受け、中国におけるＶＷの純利益は２０１８年に前年比２・５％減となった。

ＶＷブランド比で約２倍超の収益力を持つ高級車ブランドのアウディは、政府公用車の代名詞として、中国高級車市場のトップの座を長年守ってきたが、上海汽車との新規提携を契機とする販売ルートの混乱やライバル他社の現地生産を受け、２０１７年からベンツにその座を明け渡した。

欧米系企業は、中期的視点で大規模な先行投資による生産能力・物流網・ブランドの構築を図り、コスト優位性を最大限に活かして、収益の最大化を追求する一方、米中摩擦の長期化、中国企業の海外進出・企業買収など、欧米企業にとっては中国ビジネスは懸念要因が多い。特に中国における中間所得層の増加や地場企業の成長に伴い、かつての大量生産・マーケティング強化・大量販売といった欧米系企業のビジネスモデルでは差別化がしにくくなり収益の低下が見られた。

一方、日本企業については、マーケティング力で欧米企業に見劣りする面はあるものの、中国消費者のニーズが廉価商品からミドル・ハイエンド商品へとシフトし始め、日本的な品質のよさが受け入れられるようになってきている。

日系自動車メーカーは、沿海地域・大都市の中間所得層をターゲットとし、付加価値が高い中高級車を中心に高い利益率を維持してきた。２０１８年の乗用車１台当たりの出荷価格を見る

図表2-7　1台当たりの平均販売価格（2018年）

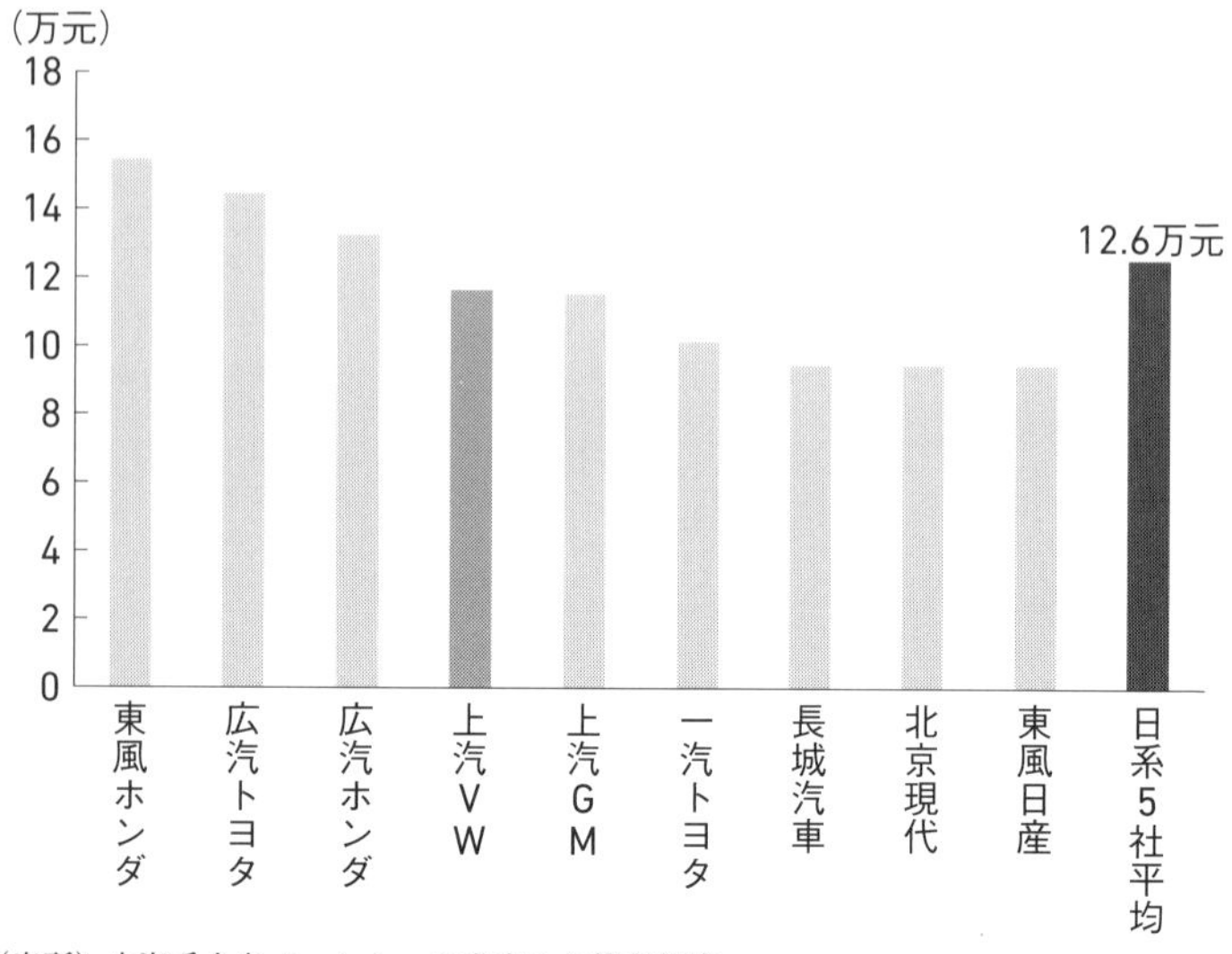

（出所）中資系合弁パートナーの発表より筆者作成

と、日系自動車メーカー（合弁企業5社）の平均が12・6万元と、上汽VWの1・1倍、吉利汽車の1・3倍である。また、売上高営業利益率では、日系自動車メーカーの平均が約10・5%、上汽VWと比べても遜色ない水準となっている。すなわち、「市場シェア」ではドイツ系に及ばないものの、収益力では日系メーカーの中国事業は十分に評価できるものと考えられる。

自国から地理的に遠い中国市場で、資本の大量・集中投入でビッグビジネスを一気に成功させようとするのは、欧米系企業の一般的な考え方だ。

それに対し、日本企業の中国事業の基本的心構えは「小さく産んで大きく育てる」である。それは、経済的に採算の取れる最小の規模で事業を開始し、余裕を持って中国ビジネスのノウハウを蓄積して、中国ビジネスに携わる人材の育成を図ることだ。このような考え方により、日本企業は短期的な収益にこだわらず、地域戦略の一環として漸進的に中国市場を開拓し続けるべきだ。特に今後はインターネットビジネスの発達により、日本と中国の間には、ヒト・モノ・カネ・サービスの流れが加速すると思われる。

生産現場では、日本企業が確立した管理手法で、中国人従業員への技術指導を円滑に実施し、計画通りに製品品質の向上を実現できる。しかし中国マーケットの変化を敏感に捉え、ライバル企業を徹底的に分析し、自社と比較する意識を常に持つ日本企業は少ない。今後、日本企業は、中国市場を深耕しつつ、消費者ニーズにより合致した商品を投入していく必要があるだろう。ものづくりの強みに加え、流通やマーケティングを含めた現地化戦略を確立できれば、アジア・中国市場においては競争力の向上につながるのだ。

3 中国民族系ブランドの苦戦

自主ブランドの育成

改革開放政策以降、中国政府は中国地場企業と外資系企業との合弁事業による自動車産業の発展を重視するあまり、地場ブランドを育成しようとする意識には乏しかった。合弁企業では、外資系企業側が生産方式や技術の採用を主導したため、中国企業側の自主開発能力の形成や地場ブランドの育成は必ずしもスムーズに行われなかった。その結果、前述のブランド車、「紅旗」（第一汽車）と「上海」（上海汽車）の生産は、それぞれ１９８５年と91年に停止された。

その後、２００５年以降、中国政府は「自動車強国」入りに向けた産業支援策の実施や次世代自動車産業の育成などに取り組み、自主ブランド車に重きを置く方針を打ち出した。「中国自動車産業第11回５カ年計画（２００６〜２０１０年）」では、自主ブランド車の定義（企業が自主知的財産権を持つ製品ブランド）や関連する育成策などが公表された。同計画は２０１０年までに自主ブランド車の生産比率50％を超える大手グループ１〜２社を育成し、国内乗用車市場における自主ブランド車のシェア60％以上を目指した。

リーマン・ショック後、中国政府が公布した「自動車産業振興計画（２００９〜２０１１年）」では「四大」（中国一汽、上海汽車、東風汽車、長安汽車）、「四小」（北京汽車、広州汽車、奇瑞汽車、中国重汽）の計８自動車グループから成る自動車産業再編および自主ブランド育成の方向性が明示された。

中国一汽や東風汽車など大手国有自動車グループは、政府の要請により、買収先企業や合弁先企業が所有するプラットフォーム（車台）を利用し、相次いで自主ブランド車の生産に力を入れている。東風汽車は２００９年にプジョーの小型車仕様とエンジンをベースにした「風神」ブランドを投入し、上海汽車は買収で獲得したローバーのプラットフォームを利用して「栄威（ＲＯＥＷＥ）」ブランドを開発した。また、広州汽車がフィアットの技術を改良したことにより、２０１０年に「傳祺（ＴＲＵＭＰＣＨＩ）」ブランドを投入した。

一方、1990年代末に登場した奇瑞汽車、吉利汽車、長城汽車など民族系自動車メーカーは、外資系企業による出資や外資系ブランドを使用することなく、自主開発で乗用車を製造する独立系メーカーである。他社製品の模倣や部品の寄せ集めというリバースエンジニアリング（reverse engineering）の手法で業界に参入し、技術・資本の蓄積により自主開発や基幹部品の内製化へと移行するのは一般的な成長パターンである。

こうした民族系自動車メーカーは、政府から十分な支援を受けられないなかでも、あえて乗用車の生産能力を強化し、外資系ブランドが寡占する市場構造に変化をもたらしてきた。そのかいあって中国系車の乗用車市場シェアは、2008年の28％から2017年には44％にまで上昇した。

また、民族系自動車メーカーが新車開発やモデルチェンジを加速させた一因は、地場独立系の自動車設計企業の出現だ。1999年に元同済大学自動車学科の雷雨成教授によって立ち上げられた上海同済同捷科技は、独立系設計企業の最大手にまで成長した。現在、同社は地場メーカー約80社向けのデザイン・エンジニアリング業務を行い、開発した車種は自主ブランド全体の3割を占めるほどになった。

奇瑞汽車「QQ6」の開発で知名度を上げた阿爾特汽車技術（IAT）の前身は、三菱自動車工業開発本部での勤務経験を持つ宣奇武が2002年に中国に戻り、北京中関村で設立した北京精衛全能科技だった。現在、同社は約1300人の技術者を擁し、東風日産を含む自動車メーカー約40社、新興EVメーカー約20社向けの新車開発を行っている。

図表2-8　中国主要自動車12グループの販売台数

（万台）

順位	グループ名	所有形態（管轄先）	主な提携先	2016年	2017年	2018年	自主ブランド割合
1	上海汽車	国有（上海市）	GM、VW	647.2	691.6	701.2	42%
2	東風汽車	国有（中央政府）	日産、ホンダ、PSA、ルノー	427.7	412.1	383.0	32%
3	中国一汽	国有（中央政府）	VW、トヨタ、GM	310.6	334.6	341.8	16%
4	北京汽車	国有（北京市）	ダイムラー、北京現代	284.7	251.2	240.2	45%
5	広州汽車	国有（広州市）	ホンダ、トヨタ、三菱自、FCA	164.9	200.1	214.2	25%
6	長安汽車	国有（中央政府）	フォード、マツダ	306.3	287.2	213.7	70%
7	吉利汽車	民営	ダイムラー（EV）	79.9	130.5	152.3	100%
8	長城汽車	民営	MINI（EV）	107.5	107.0	105.3	100%
9	華晨汽車	国有（遼寧省）	BMW、ルノー	77.4	74.6	77.8	40%
10	奇瑞汽車	国有（蕪湖市）	ジャガーランドローバー	69.8	67.3	73.7	92%
11	BYD汽車	民営	ダイムラー（PHV）	63.8	50.5	52.0	97%
12	JAC	国有（安徽省）	VW（EV）	49.6	41.0	46.2	100%

（出所）中国汽車工業協会、各社発表

図表2-9　地場自動車メーカーの部品生産・調達の概要

	上海汽車	東風汽車	中国一汽	長安汽車	北京汽車	広州汽車	長城汽車	吉利汽車	奇瑞汽車	BYD汽車
エンジン	合弁・内製	合弁・内製	合弁	合弁・内製	内製	内製	内製	合弁・内製	内製	内製
噴射装置	内製	外注	外注	外注	外注	外注	外注	外注	外注	外注
変速機	内製	合弁	合弁	合弁	合弁	合弁	内製	内製	内製	内製
シャシ	合弁	合弁	合弁	合弁	合弁	合弁	合弁	外注	外注	外注
シート	外注	合弁	合弁	合弁	合弁	合弁・内製	合弁・内製	外注	合弁	外注
照明	合弁	外注	外注	外注	合弁	合弁	外注	外注	外注	内製
ハーネス	合弁（地場）	外注	合弁	外注	合弁	合弁	内製	外注	合弁（地場）	内製
エアコン	合弁	合弁	合弁	合弁	合弁・内製	外注	内製	外注	合弁	外注

（出所）各社報道
（注）合弁は外資企業との合弁生産を指す

民族系自動車メーカー2強の躍進

現在、中国系乗用車ブランドのトップに立つ吉利汽車は、1997年にエンジンや変速機などの基幹部品を外資系企業から購入し、「寄せ集め型」生産を行うところから自動車の生産を開始した。オーナーである李書福の「クルマ作りは養豚と同じくらい簡単だ」との発言からは、李が当初ものづくりに安易な姿勢で臨んでいたことがうかがえる。

この時期、多くの地場メーカーが吉利汽車と同じ発想で低価格車市場に参入したことで価格競争が激化し、地場メーカー各社の収益力低下が問題となった。そこで李は品質重視と外部資源を有効活用した基幹部品の内製化に方向転換し、外資系企業を買収する戦略を打ち出した。2010年にスウェーデンのボルボ・カーを買収し、研究開発力の向上や製品ラインの拡充を図ったほか、最近では2017年にマレーシアの国民車メーカーのプロトン、18年にはダイムラーの株式9・69％を約90億米ドルで取得するなど、外資系企業の買収に積極的に取り組んでいる。

吉利汽車はボルボのエンジン技術とデザインノウハウを吸収しつつ、2014年に傘下の「帝豪」「全球鷹」「上海英倫」の3つの自社ブランドを「Ｇｅｅｌｙ」ブランドに集約し、マーケティングの効率化を図った。また、2017年にボルボと共同開発した「ＣＭＡ（Compact Modular Architecture)」プラットフォームを活用し、グローバル市場を見据えた新ブランド「ＬＹＮＫ＆ＣＯ」を投入したことに加え、18年には同社初のＰＨＶ「博瑞ＧＥ」を発売し、グローバル自動車ブランドにも見劣りしない技術レベルとデザインを示した。元ボルボ設計部責任者のピーター・ホーベリー（Peter Horbury）がデザインした「博瑞」ブランドは「最も美しい中国車」と呼ばれ、中国政府の外交指定車や杭州G20専用車にも選ばれている。

このように、高品質とデザインを消費者に訴求することで需要を取り込み、ボルボのリソースやノウハウを活かすことでシナジー効果が発揮され、細分化された市場で製品ラインアップを充実させている。吉利汽車は、販売台数を２０１３年の55万台から18年は１５０万台へと大きく伸ばしている。

一方、１９９０年代初頭、経営不振で倒産寸前にまで追い込まれた中小改造車工場があった。ＳＵＶの生産に特化することで、現在、吉利汽車に次ぐ民族系乗用車ブランドの第2位に躍進した長城汽車である。

オーナーの魏建軍は米国や東南アジアでピックアップトラックの実用性に目をつけ、トヨタハイラックスを参考にピックアップトラックの生産を１９９６年に始めた。２０００年代に入り、日本で流行していたＳＵＶが中国人の嗜好にも合うと判断し、２００５年に「ＨＯＶＥＲ」を投入。「ＨＯＶＥＲ」は２０１０年に東風ホンダのＣＲ－Ｖを抜き、２０１８年まで9年連続で業界トップを維持している。

長城汽車の成功は、経営者の絶対的な決断力によるものばかりではない。２０１８年、筆者が訪れた同社本社では黙々と働く社員の姿が見られた。これは、軍人出身の魏が腐敗や不正の排除と規律の遵守を強く意識し、愚直で誠実であることを美徳とする社風を作り上げたことによるものだ。また、顧客から受ける接待や土産、50元を超す祝儀金の受贈を禁じるなどの社内ルールが

図表2-10　乗用車メーカー別の販売台数

（万台）

2008年		2013年		2018年	
メーカー名	販売台数	メーカー名	販売台数	メーカー名	販売台数
上汽 GM 五菱（米）	58.6	上汽 GM（米）	154.3	上汽 VW（独）	206.5
一汽 VW（独）	49.9	上汽車VW（独）	152.5	一汽 VW（独）	203.7
上汽 VW（独）	49.0	一汽 VW（独）	151.3	上汽 GM（米）	196.9
上汽 GM（米）	44.5	上汽 GM五菱（米）	142.6	上汽 GM五菱（米）	166.2
一汽トヨタ（日）	36.6	北京現代（韓）	103.1	吉利汽車（中）	150.0
奇瑞汽車（中）	35.6	東風有限（日）※	92.6	東風有限（日）※	128.8
東風日産（日）	35.1	重慶長安（中）	82.2	長城汽車（中）	91.5
広州ホンダ（日）	30.6	長安フォード（米）	68.3	長安汽車（中）	87.4
北京現代（韓）	29.5	長城汽車（中）	62.7	北京現代（韓）	84.0
重慶長安（中）	26.6	一汽トヨタ（日）	55.5	広汽ホンダ（日）	74.1

（出所）中国汽車工業協会
※東風有限は日産と東風汽車の中国合弁企業

あるほか、社員の不正を監査する部署や通報ホットラインも設置されている。

このように規律を重んじる魏による経営の下、長城汽車はボッシュやTRWオートモーティブ、豊田合成などグローバル部品企業との共同開発やトヨタ生産方式の導入などを通して生産技術を向上させ、パワートレインや内外装部品の内製化も推進している。

地場ブランド低価格車の限界

近年地場自動車メーカーは、基幹部品の内製化や外資系サプライヤーとの技術提携を通して品質の向上を成し遂げてきた。J. D. POWER（顧客満足度調査の専門機関）が発表した中国の新車100台当たりのトラブル発生件数を見ると、地場ブランドは2006年の368件か

長城汽車のSUV「WEY VV7s」

吉利汽車「LYNK&CO（領克01）」

（出所）筆者撮影

ら18年に115件へと大きく減少し、外資系ブランド（100件）との差はほぼなくなった。

乗用車のアセンブリ技術が向上し、低価格車の収益率が低下する傾向にあるなか、近年地場メーカーは相次いで高級車を投入し、外資系メーカーが寡占する市場に風穴を開けようとしている。長城汽車が2016年末に投入した「WEYシリーズ」の販売台数は累計20万台を超え、地場高級車ブランドの地位を確立した。吉利汽車は2017年に高級車ブランド「LYNK&CO（領克01）」を、さらに18年には「領克02」と「領克03」を投入し、コストパフォーマンスで若年層の人気を集めている。だが中間所得層による消費が中心となる中高級車市場においては、中国系車は外資系車にブランド力で及ばないため、「中国人の手の届く高級車」を掲げるような低価格戦略の継続は引き続き必要と思われる。

現在、大手国有自動車グループは、自主ブランドの差別化を容易に実現できず、販売台数全体に占める自主ブランドの割合は依然低い。他方、吉利汽車や長城汽車など外資系自動車メーカーと真正面から競争する能力を備えた一部の民営自動車メーカーは、規模の利益を追求するよりはむしろR＆D能力とブランド力の向上による独自性や差別化を追求しようとしている。

一方、外資系自動車メーカーは生産能力の拡張や現地調達の拡大によって一層のコスト削減を進めながら、低価格車市場を開拓する姿勢を示している。もしその結果、地場自動車メーカーが行き過ぎた価格競争にさらされることになれば、地場メーカーがガソリン車の開発を続けていくことに限界が出てくるであろう。

4　地場部品産業の遅れ

地場サプライヤーの未育成

自動車は約3万点の部品によって構成されており、さまざまな工業技術の集約からなる。中国の自動車部品産業は、自動車生産の拡大や、部品国産化率の向上などの要因によって、2000年以降急速に成長している。現在、中国には自動車部品サプライヤーが約1万社（2018年末）存在しており、安価な労働コストを活かし、低価格製品を武器に、企業の競争力を維持している。

濰柴動力、華域汽車、北京海納川など大手地場サプライヤーは企業買収を通じて中国国内で競争力の向上を果たした。しかし、こうした少数企業を除くと、多くの地場サプライヤーは生産規模自体が小さく、研究開発力も弱い。

また、地場サプライヤーはコスト管理能力には顕著な向上が見られるものの、製品の安全性と信頼性には依然として課題を抱えている。コア部品技術の開発が遅れたことにより、エレクトロニクス技術を駆使する制御システムや電装品、精度の高いエンジン・ボディ関連製品、新素材を使用した内飾品などの分野では、地場サプライヤーは明らかに遅れている。

中国自動車業界では、研究開発（R＆D）投入額が上昇しているものの、R＆D売上高比率は２・０％にとどまり、先進国と大きな格差が存在している。２０１７年の特許取得件数における「発明特許」の比率を見ると、外資系企業が約90％であったのに対し、地場系企業は約40％にとどまっている。自動車部品産業や素材産業の発展の遅れ、地場サプライヤーの未育成が中国自動車産業のキャッチアップに大きな困難をもたらしている。

外資系サプライヤーによる寡占

拡大する中国自動車市場を狙い、ボッシュ、デンソーなど日米欧大手サプライヤーは中国に多拠点を設け、現地生産や研究開発を行っている。また、高品質部品を求める地場完成車メーカーの増加に伴い、系列を超える技術提携や取引強化などの動きも見られる。

精密な金属加工技術を代表する自動車ベアリング業界では、高度な技術力および幅広い製品を供給する生産能力が必要となるため、欧州系のＳＫＦ、Schaeffler、日系の日本精工（ＮＳＫ）、ＮＴＮ、ジェイテクトと米ティムケンの６社で世界シェアの約70％を握っている。中国では、外資系企業が現地における開発機能の強化や生産能力の増強を行っているのに対し、地場企業は技

図表2-11　2018年中国自動車部品企業トップ30社

（億元）

順位	企業名	2017年売上高	主な製品	系列
1	濰柴控股集団有限公司	2,581.8	ディーゼルエンジン	独立系
2	華域汽車系統股份有限公司	1,404.8	車体部品等	上海汽車系
3	北京海納川汽車部件股份有限公司	512.0	各種部品	北京汽車系
4	中国航空汽車系統控股有限公司	371.9	各種部品	中航集団系
5	寧波均勝電子股份有限公司	266.0	電子部品・エアバッグ	独立系
6	中信戴卡股份有限公司	260.1	ホイル、車輪	独立系
7	広西玉柴機器股份有限公司	259.3	ディーゼルエンジン	独立系
8	福耀玻璃工業集団股份有限公司	220.1	自動車ガラス	独立系
9	北方凌雲工業集団有限公司	215.0	各種部品	長安汽車系
10	寧徳時代新能源科技股份有限公司	140.0	車載電池	独立系
11	徳昌電機	138.7	車載電池	独立系
12	寧波華翔電子股份有限公司	125.1	車載電池	独立系
13	長春一汽富維汽車零部件股份有限公司	119.9	車載電池・内装	中国一汽系
14	一汽解放汽車有限公司無錫柴油机廠	112.5	ディーゼルエンジン、部品	中国一汽系
15	賽輪集団股分有限公司	111.3	タイヤ	独立系
16	万向銭潮股份有限公司	107.9	パワートレイン関連部品	独立系
17	山東玲瓏輪胎股份有限公司	105.2	タイヤ	独立系
18	陝西法士特汽車伝動集団有限責任公司	103.9	パワートレイン関連部品	独立系
19	浙江万豊奥威汽輪股份有限公司	94.9	ホイル、車輪	独立系
20	敏実集団有限公司	94.0	各種部品	独立系
21	安徽中鼎密封件股份有限公司	83.8	ゴム製品	独立系
22	中国航空工業集団公司	80.2	各種部品	中航集団系

順位	企業名	2017年 売上高	主な製品	系列
23	広東富華機械集団有限公司	80.0	車体部品等	独立系
24	瀋陽航天三菱汽車発動機製造有限公司	74.0	エンジン部品	中航集団系
25	風神輪胎股份有限公司	73.3	タイヤ	独立系
26	安徽環新集団股份有限公司	70.4	ピストリング	独立系
27	三角輪胎股份有限公司	67.1	タイヤ	独立系
28	無錫威孚高科技集団股份有限公司	64.2	エンジン部品	独立系
29	駱駝集団股份有限公司	63.0	車載電池	独立系
30	富奥汽車零部件股份有限公司	58.6	各種部品	中国一汽系

(出所)「2018年中国自動車部品企業Top100」、各社ホームページ

図表2-12　中国自動車関連4分野※の特許取得状況

	外資系企業（件）	割合	中国系企業（件）	割合
外観設計	622	4.5%	4,862	5.1%
実用型新製品	765	5.5%	52,906	55.3%
発明特許	12,585	90.0%	37,895	39.6%
合計	13,886	100.0%	95,663	100%

(出所)『中国汽車工業年鑑2017』
※エンジン、ボディ、シャシ、電子部品の4分野

図表2-13　グローバルサプライヤーの中国拠点数（2017年末）

企業名（国）	進出年	拠点数（カ所）
Robert Bosch（独）	1989年	62
Faurecia（仏）	1995年	53
住友電気工業（日）	1993年	47
Lear（米）	1993年	45
Valeo（仏）	1994年	42
Magna International（加）	1996年	41
アイシン精機（日）	1995年	37
ZF（独）	1981年	36
デンソー（日）	1994年	27
ジェイテクト（日）	1995年	26
Aptiv（米）	1994年	24
Continental（独）	1994年	23
MAHLE（独）	1994年	21
Autoliv（スウェーデン）	2004年	20
トヨタ紡織（日）	1995年	19
矢崎総業（日）	1988年	14
現代モービス（韓）	1997年	9
Schaeffler（独）	1995年	8

（出所）各社ホームページ、各種報道

術とブランド競争力の劣位により、ローエンド・ミドル製品の生産に集中している。

また、部品の品質向上を支える素材産業の遅れも目立っている。中国では一般鋼板の生産能力過剰に対し、自動車の軽量化につながる高張力鋼板（ハイテン等）の生産能力不足や技術の遅れ等の問題が存在している。自動車の軽量化に欠かせないアルミ板材業界では、Novelis、神戸製鋼所など外資系素材メーカーが中国で生産拡大を果たした。

騒音、振動、ハーシュネスなどの自動車の快適性を測るNVH（Noise, Vibration, Harshness）分野では、地場の防音材メーカーが主にアフターマーケット向けの部品生産に集中しているのに対し、住友理工やAdler Palzer 等外資系化学メーカーがミドル・ハイエンド車市場を寡占している。

近年、地場自動車メーカーが欧米系企業や地

図表2-14　中国自動車産業の主な海外企業買収事例

企業名	実施年	M&A先／事業内容など
万向集団	2009年	米DS／ドライブシャフト分野
北京京西重工	2009年	Delphiメキシコ・仏拠点／ブレーキ事業
濰柴動力	2009年	GM仏Strasbourg拠点／変速機事業
濰柴動力	2009年	Moteurs Baudouin 仏拠点／エンジン事業
上海汽車	2007年	英MG Rover／完成車事業
北京汽車	2009年	スウェーデンSaab／完成車事業
吉利汽車	2009年	豪DSI／変速機事業
吉利汽車	2010年	ボルボ／完成車事業
BYD汽車	2010年	オギハラ館林工場／金型事業
北京海納川	2011年	Inalfa Roof／ルーフ事業
波鴻工業	2012年	加ウェスキャスト／マフラー事業
青年汽車	2012年	蘭Spyker Cars／完成車事業
東風汽車	2014年	仏PSA／発行株14%を取得
中航集団	2015年	米Henniges Automotive／シーリング事業
中国化工	2015年	伊Pirelli／車タイヤ事業
徳爾集団	2015年	独Carcoustics International／内装事業
安徽中鼎密封件	2015年	独WEGO／軽量化材料事業
寧波均勝電子	2016年	米Joyson Safety Systems／エアバッグ事業
万豊奥特	2016年	米ThePaslin Company／溶接ロボット事業
中集集団	2016年	英Retlan Manufacturing／トレーラ事業
吉利汽車	2017年	マレーシアPROTON／発行株49.9%を取得
安徽中鼎密封件	2016年	独AMK Holding／モーター制御システム
無錫吉興	2016年	米Conform Automotive／内装事業
重慶小康工業集団	2016年	米AC Propulsion／EV駆動システム事業
安徽中鼎密封件	2017年	独Tristone Flowtech Holding／エンジン冷却事業
重慶小康工業集団	2017年	米AMゼネラル／商用車事業
鄭州煤機	2017年	独Bosch Starter Motors／モーター事業
寧波均勝電子	2017年	タカタ／エアバッグ
濰柴動力	2018年	英Ceres Power／固体電池
濰柴動力	2018年	加バラードパワーシステムズ／FCV電池
寧波継峰汽車零部件	2018年	独Grammer／部品
中国恒大集団	2018年	米Faraday Future／EV事業
吉利汽車	2018年	独ダイムラー／発行株9.69%を取得
凱中精密技術	2018年	独SMK／部品
浙江鉄流	2018年	独Geiger／精密金属部品

（出所）各社発表

場エンジニア企業と提携し、基幹部品の内製に切り替えたものの、ＥＭＳや電子燃料噴射システムなどコア技術分野においては、まだ弱く、ボッシュやコンチネタルなど外資系サプライヤーに頼っている。２０１８年の中国自動車部品業界の平均利益率を見ると、地場サプライヤーが２～３％であったのに対し、外資系サプライヤーは10～15％に上った。

このようななか近年、地場自動車メーカーは、競争力の向上を狙い、海外の自動車関連企業の買収を進めている。買収件数は、２０１４～18年に１２０件に達し、ドイツ・フランスなどの西欧企業をターゲットとした買収が多いと見られる（Morning Wroup 調べ）。部品企業の買収が増加するなか、裾野分野にもその波が押し寄せた形だ。

低価格車分野における生産能力の過剰や業界再編に伴い、地場部品メーカーは価格競争だけで競争力を維持することはできず、やがてコア技術の獲得に力を入れ始める。中国政府が、自動車部品産業の育成を看過したことは、民族系の自動車部品産業の発展が遅れている要因の１つであろう。今後、自動車部品技術の吸収・向上、裾野産業の育成、人材の確保などが、中国自動車部品産業のカギとなり、自主ブランド車の競争力を左右すると考えられる。

第3章 EV革命の正体

1 破壊者戦略の基本

道のりが長いキャッチアップ

遅れて工業化に乗り出した国が、ある産業で実現した「輸入、国内生産、輸出」の循環をより技術集約度の高い産業に順次適用し、国全体の産業構造を高度化していく。このような発展パターンが「キャッチアップ型工業化」だと末廣昭東京大学名誉教授は論じた。

戦後、日本の自動車産業は、欧米から導入された技術をベースに製品改良を重ね、成長を続けてきた。そして、産業政策、企業内労使関係、サプライヤーとの長期取引関係が、生産性を向上させ、乗用車の対米輸出を実現した。特に設備の高度化や生産工程の改良などの産業イノベーションは、日本の自動車産業の競争力向上につながったのである。

図表3-1　日・中自動車メーカーのキャッチアップの特徴

	日本	中国
政府機能	企業に対する指導・助言	企業に対する強制的介入
外資政策	外資参入の阻止政策	外資との合弁政策
生産	多品種少量生産	少品種大量生産、デザインの多様化
技術	コア技術の自社開発、蓄積型改良技術	製品リバースエンジニアリング、技術提携・買収
技能	多能熟練工の育成を重視	単能工、多能熟練工、臨時工の混在
製品	品質志向と小型高級品の品揃え	価格志向、外観の多様化、機能の簡素化
組織	全員参加型改良、競争と協調、企業内格差の是正	経営者の感覚、明確な役割分担、成果主義、人員流動性大

（出所）筆者作成

中国の自動車産業の発展からは、技術の導入、部品の国産化、規模の経済と競争力の形成など、日本と同様のキャッチアップのパターンが見て取れる。また、モータリゼーションの歴史を見ると、中国の自動車市場は数十年ほど遅れて日本と同様の成長段階に入ったと認められる。

しかし同じような発展過程を経ているにもかかわらず、中国では自動車産業全体の発展を牽引する民族系メーカーがいまだに育成されていない状況。両国にこのような違いが生じた要因は、企業の技術力や製品開発力における格差だけではなく、政府の果たすべき役割の差異にもある。

まず、自動車産業の発展は国家戦略として発動されて初めて機能するものであり、政府主導型の産業発展であることが重要なのは明白である。

日本の通商産業省（当時）は１９５０年代、乗用車生産に関する育成策や国民車構想を打ち出したものの、１９６０年代に入ると政府の介入余地は狭まり、日本企業は自社の努力によって海外展開を果たした。一方、中国は、完成車の技術移転や地場自動車産業の保護を優先しており、この点は日本に比べて戦略色が強いといえる。工業基盤や政治・社会環境など産業発展の初期条件を勘案すれば、日中両国は異なる工業化戦略を選択したといえよう。

次に、外資系企業の自国市場への参入に関して、日本政府が阻止政策を採用したのに対し、中国政府は積極的な誘致政策を採用した。

戦後、日本政府は、輸入車数量制限、輸入関税、対内直接投資規制など、自動車産業を保護する政策を実施。これにより日本の自動車産業は、外資から技術開発・設備・技術導入の優先割当などを推進した。

一方、中国政府は、完成車分野において、外資系企業の進出を合弁形態でのみ可能とする制限を設けることで、技術移転の面で重要な役割を果たした。しかし過度な輸入部品への依存や外資系部品メーカーが独資で展開する現状は、地場メーカーのキャッチアップに大きな困難をもたらしている。結局、対外資政策の違いが、日中自動車産業の技術経路に大きな影響を与えた。

「世界の工場」といわれる中国は、組み立て型産業分野で「自己完結型ものづくり」を実現するものの、基盤技術の蓄積や技術のすり合わせが求められる分野においては、長期的な視点でキャッチアップ戦略を構築せざるを得ないだろう。

イノベーション創出の壁

技術習得から技術の改良、生産方式の構築へのプロセスは一種のイノベーション能力である。一般的に論じられているイノベーションは大まかに、ラディカル・イノベーション（radical innovation）とインクリメンタル・イノベーション（incremental innovation）に分けることができる。前者は、既存のモノ・機能を突破する根本的な革新であり、後者は、既存の技術から出発し現場で地道な改善を重ねて達成されたニーズ型の革新である。

イノベーションの創出は、国それぞれの文化、社会背景および企業組織の形成に関わるものだ。そこで、日本と比較しながら、中国の自動車産業におけるイノベーションの創出環境を見てみよう。

日本型生産システムの特徴は、多能工が長期雇用システムの下で、現場における品質管理能力、高度な熟練技能とチームワークによるカイゼン力を有している点にある。これにより「ムリ、ムダの排除」「必要なものを必要な量だけ作る」を基本とするものづくりの思想が定着した。

一方、中国企業の経営においては「個人主義」の価値観が大きな影響を与えている。中国の新興企業は、経営者自らの情報と経験によって新規事業への参入を決定するのが一般的である。トップダウン方式によるスピーディな組織内の情報伝達により、中国に生じたビジネスチャンスを素早く掴みとる。そのようにして成功した新興企業は少なくない。

また中国企業では、個々人が自らの役割を強く意識するため、全員参加型の組織づくりは難しい。従業員のモチベーションをアップさせるため、多くの経営者が「成果主義」や「激励制度」

を導入し、個人主義の潜在力を最大限に発揮させようとしている。

また、サプライヤーシステムからは、長期的協業を重視する日本企業と短期的コストを重視する中国企業との相違を見ることができる。クルマの生産コストを抑えるため、同一部品における複数のサプライヤーと取引関係を持ち、その企業に価格競争をさせる地場自動車メーカーは少なくない。このように地場サプライヤーは過当競争によって収益が圧迫され、その結果、研究開発を軽視するなどの悪循環に陥りやすい。

イノベーションの創出は、日本の自動車産業の競争力向上に欠かせないものである。日本企業は、多能工による柔軟な生産対応により、製品と生産工程を改良し、イノベーションを創出してきた。こうしたプロセスイノベーション能力を向上させることで、プロダクトイノベーションの創出が可能となった。

中国の大手国有自動車グループには、民営企業に比べて利益へのインセンティブが働かないため、イノベーションにネガティブな見方を持つ経営者も少なくない。それに対し、民営企業は市場経済ベースで急成長を遂げるが、未熟な部品産業・裾野産業などの制約を受けている。

また自動車コア部品のモジュラー化やシステム化、プラットフォームの共通化により大量発注システムは進展するも、中国における技術・情報の波及効果（スピルオーバー）は限定的であり、垂直的な製品工程間の分業が行われる傾向もある。

さらに、技術獲得を狙う買収戦略の実施は、資金力だけでなく自社の基礎研究、技術の蓄積および技術の受容力に深く関わっている。地場企業は長期的な投資におけるリスクを意識し、生産規模の拡大によって当面の利益を上げようとする。地場企業に技術を吸収する能力が十分に備わっていなければ、イノベーションの創出は結局のところ困難となる。

破壊的イノベーションとしてのEV革命

ハーバード大学のクリステンセン教授の著書『イノベーションのジレンマ』は、多くの経営者が参考にした名著だ。

破壊的技術が生み出した製品やビジネスモデルによって既存市場の秩序が乱れ、業界構造が変化してしまう可能性もある。市場では一般に製品は技術進化を続け、新製品の性能も向上していく。一方、既存製品に比べて性能は低いながらも、単純・低価格・アクセシビリティなどの特徴を持ち、既存市場のユーザーとは別のユーザーから支持されるイノベーションが行われることもある。

図表3－2で示した産業の発展経路で、前述した日中の自動車産業を考察してみよう。「A↓B」はローエンド市場への浸透過程で、「B↓C」はハイエンド市場への浸透過程であり、持続的技術の向上を特徴としている。日本の対米キャッチアップから、自主開発の展開や生産システムの構築により生産と輸出を拡大することに成功した。これは「A↓B↓C」のキャッチアップパターンとして見られる。

一方で、中国自動車産業の「破壊的技術」からスタートした経路では、いきなりハイエンド市場（「B↓C」）に到達できず、技術の習得や製品品質の向上に力を入れつつ、ミドルエンド市場

図表3-2　「破壊的イノベーション」から見る中国自動車産業の発展経路

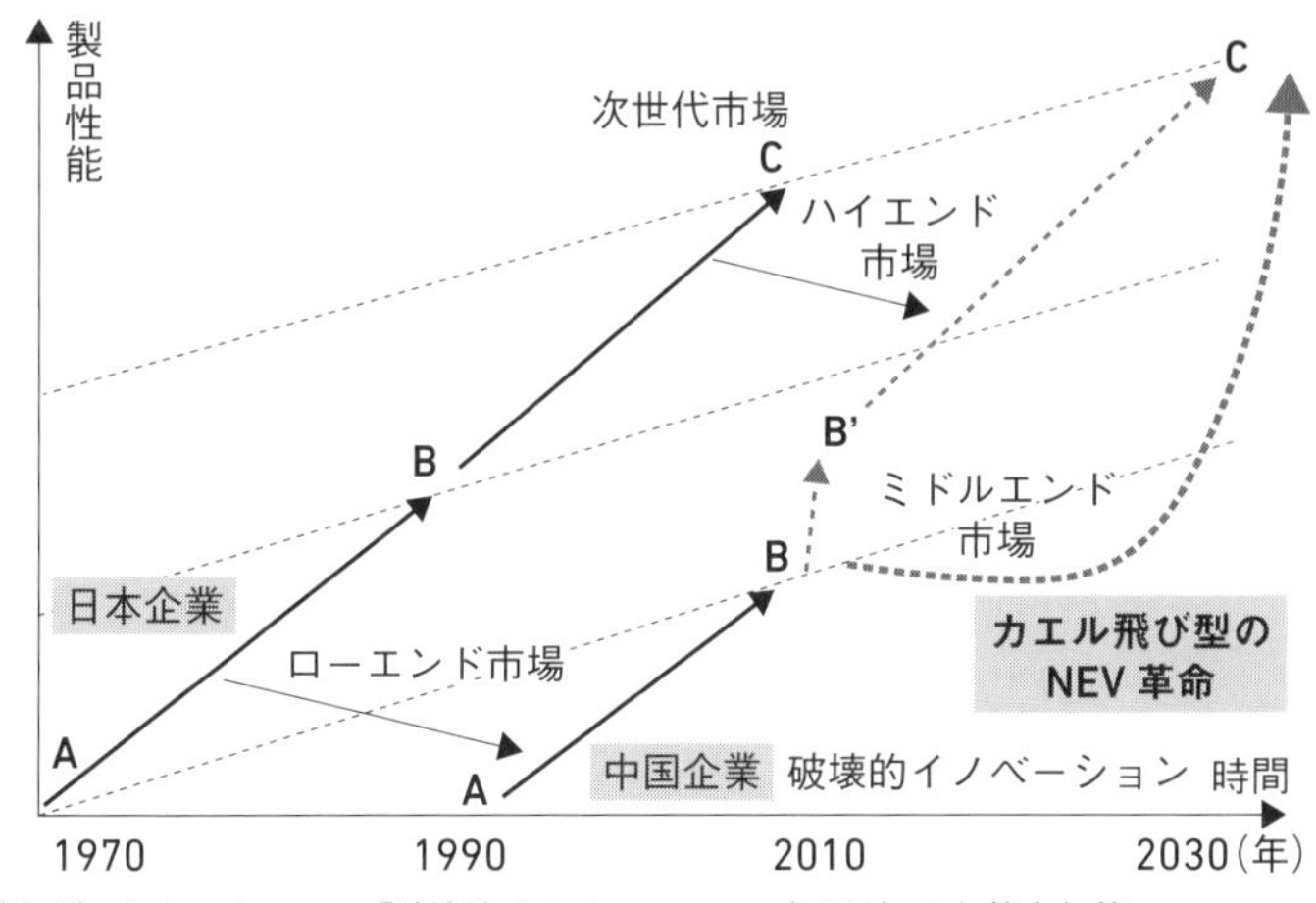

（出所）クリステンセン『破壊的イノベーション』（1997）より筆者加筆

への浸透過程（「B→B'」）という準備段階を経過するプロセスがある。このような技術進歩の特徴は、自動車産業のみならず多くの中国産業にも当てはまると見られる。

ただし、前述した部品産業・裾野産業の未成熟により、準備段階を過ぎても中国企業が既存市場のハイエンド分野に参入できず、次々に新しい市場のローエンド分野に参入していくという実態もある。一方、中国企業はミドルエンド市場向けの技術・製品に特化し、スケールメリットで得られた収益により企業買収を実施し、やがて漸進的に市場競争優位を構築していくシナリオも考えられる。

戦前から技術蓄積がある日本企業は、ローエンド市場からハイエンド市場へ、そして次世代市場へと、技術の連続性によるステップアップが見られる。しかし、基幹部品技術のキャッチアップのめどが全く立たないなか、中国政府は内燃機関不要のＮＥＶの発展に期待せざるを得ない状況となっている。

機械工学技術の世界から一歩踏み込み、ＩＴの活用および業界スタンダード作りによって次世代自動車市場に参入することが、中国政府の狙いである。自動車業界の破壊的イノベーションとしてのＥＶ革命は、既存自動車と違うコンセプトでルールチェンジし、新たな競争に踏み切った。破壊者は中国政府だけではなく、ＥＶメーカー、車載電池メーカー、ＩＴ企業など、自動車市場で自社の足場を固めようとする企業だ。

2 アメとムチによる破壊政策

アメとムチの同時推進でＥＶ普及へ

２０１７年４月に発表された「自動車産業中長期発展計画」では、２０２５年に世界自動車強国に仲間入りすることを掲げる。この目標を実現するため、中国政府がその前提となるＮＥＶ市場の形成に向けて、アメ（需要サイド）とムチ（供給サイド）の政策を同時推進している。

アメの政策は、２０１３年に始めた中国政府のＮＥＶ補助金制度だ。国の補助金制度に合わせ、各地方都市の政府がメーカーに対し補助金を別途支給する形で、ＮＥＶ販売支援を行う。中央政府と地方政府が支給した補助金はＮＥＶ市場育成の起爆剤となり、過去６年間で約３・５兆円（累計）にも上った。

補助金制度と並行する形で、①新エネ車購入税（購入価格の10％相当）の免除、②規制の対象

図表3-3　中国政府の自動車強国戦略の推進図

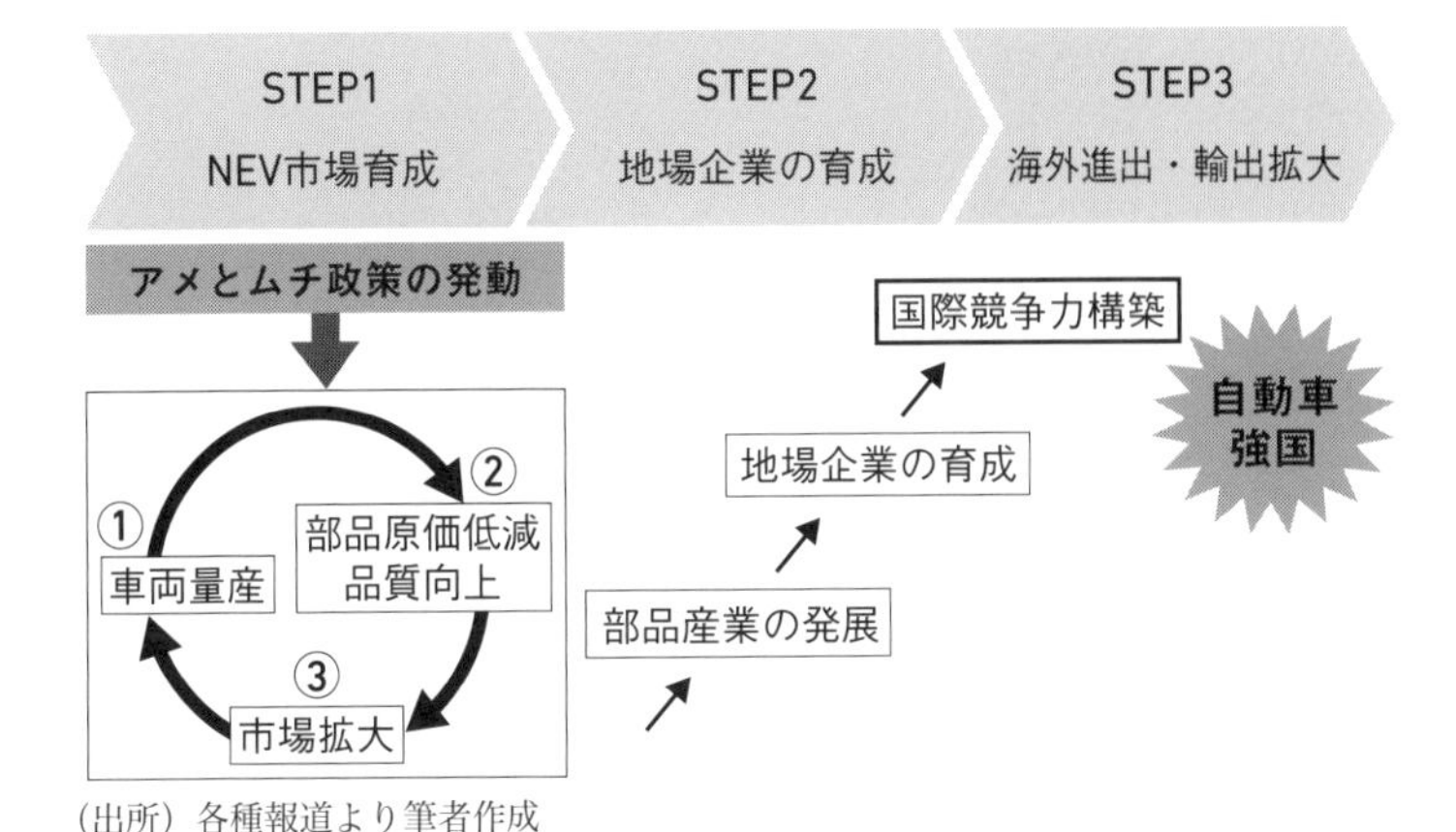

(出所) 各種報道より筆者作成

外となるNEV専用ナンバープレートの配給、③充電スタンドの整備に伴う補助金制度の実施などの喚起策も推進されている。また民族系メーカーの育成を目的とする産業保護策も実施されており、2018年に補助金を受けたNEV乗用車のうち、民族系は全体の95％を占めている。

需要の喚起による車両の量産が実現できれば、基幹部品・車両価格の低減が見込まれ、NEV市場の形成にもつながる。需要サイドに対する優遇政策がNEVシフトのプル要因となれば、供給サイドに対する規制がNEVシフトのプッシュ要因となる。

ムチの政策としては、政府が2018年4月にCAFC（平均燃費）規制とNEV規制の「ダブルクレジット政策」を実施し、罰則付きの燃費低減およびNEV生産義務により完成車メーカーの「NEVシフト」を促している。

まずCAFC規制において、ガソリン消費1リットル当たりの平均走行距離を、2018年に16キロメートルのところを2020年に20キロメートル、2025年には25キロメートルに引き上げることで、乗用車メーカーに省エネ技術・製品の高度化を要求する。

目標未達成分は不足燃費クレジットとして計算され、乗用車メーカーは関連企業（25％以上の資本関係）からの余剰燃費クレジットの譲渡や、自社NEVクレジットの利用でまかなうか、さもなければ他社からのNEVクレジットの購入で埋めるしかないと見られる。

そしてNEV規制では、中国政府が2019年より、生産・輸入台数の10％相当分を「NEVクレジット」として計算し、罰則付きで乗用車メーカーのNEVシフトを推進する。同規制では、航続距離等の性能評価に基づく、NEVポイントと生産台数によってクレジットの計算が行われる。

例えば乗用車メーカーがガソリン車100万台を生産する場合、その年に発生する10万クレジットを確保するには、すべてEVの生産で対応するならばEVを2万台（航続距離の条件は350キロメートル）、すべてPHVならばPHVを10万台（航続距離の条件は50キロメートル超）生産しなければならない。また、乗用車メーカーが生産義務を達成できなかったときの罰則を回避するには、他社の余剰「NEVクレジット」を購入するほかないと規定された。

当初、政府は2018年からNEV規制を導入すると計画した。しかし、2018年からのNEV生産は現実的ではないと外資系メーカーからの苦情が多かった。結果的には2019年の「NEVクレジット」未達成分を2020年までに繰り越し可能であるため、各社は実質的に2年間の猶予を得たことになる。中国政府の譲歩は、外資系メーカーの要請に応じたように見える

図表3-4　NEV規制をクリアするためのNEV生産台数

	2019年予測		2019年に必要なNEV生産台数	
	生産台数（万台）	Credit義務（万ポイント）	すべてPHV生産（万台）	すべてEV生産（万台）
VW	450	45	45	9.0
GM	400	40	44	8.0
日産	160	16	16	3.2
トヨタ	160	16	16	3.2
ホンダ	160	16	16	3.2

（出所）中国工業情報省、各社発表より筆者作成
（注）航続距離の条件：EVは350キロメートル、PHVは50〜80キロメートル

が、実際にはＮＥＶシフトに出遅れている地場自動車メーカーを考慮した判断であろう。

一方、「ＮＥＶクレジット」の割合は２０２０年に12％になり、以降は毎年引き上げるものと推測されている。乗用車メーカー各社はＮＥＶ生産義務をクリアするため、ＮＥＶシフトを急ピッチで進める必要がある。

乗用車メーカーにすれば、燃費規制への対応の遅れがＮＥＶの生産負担を増長させることがあり、今後、補助金支給制度に代わり、ＮＥＶクレジットの売買益が乗用車メーカーの省エネ対応・ＮＥＶシフトを促すインセンティブになると思われる。

破壊政策の課題

上述した需要・供給の両面にわたる政策に突き動かされる形で、中国のＮＥＶ販売台数は２０１２年の1万台未満から15年に33・1万台、18年には１２０万台へと急速に伸び、世界全体の5割強を占める規模にまで増加した。新車販売台数全体に占めるＮＥＶの割合は２０１４年の０・

図表3-5　中国のNEV販売台数と世界シェアの推移

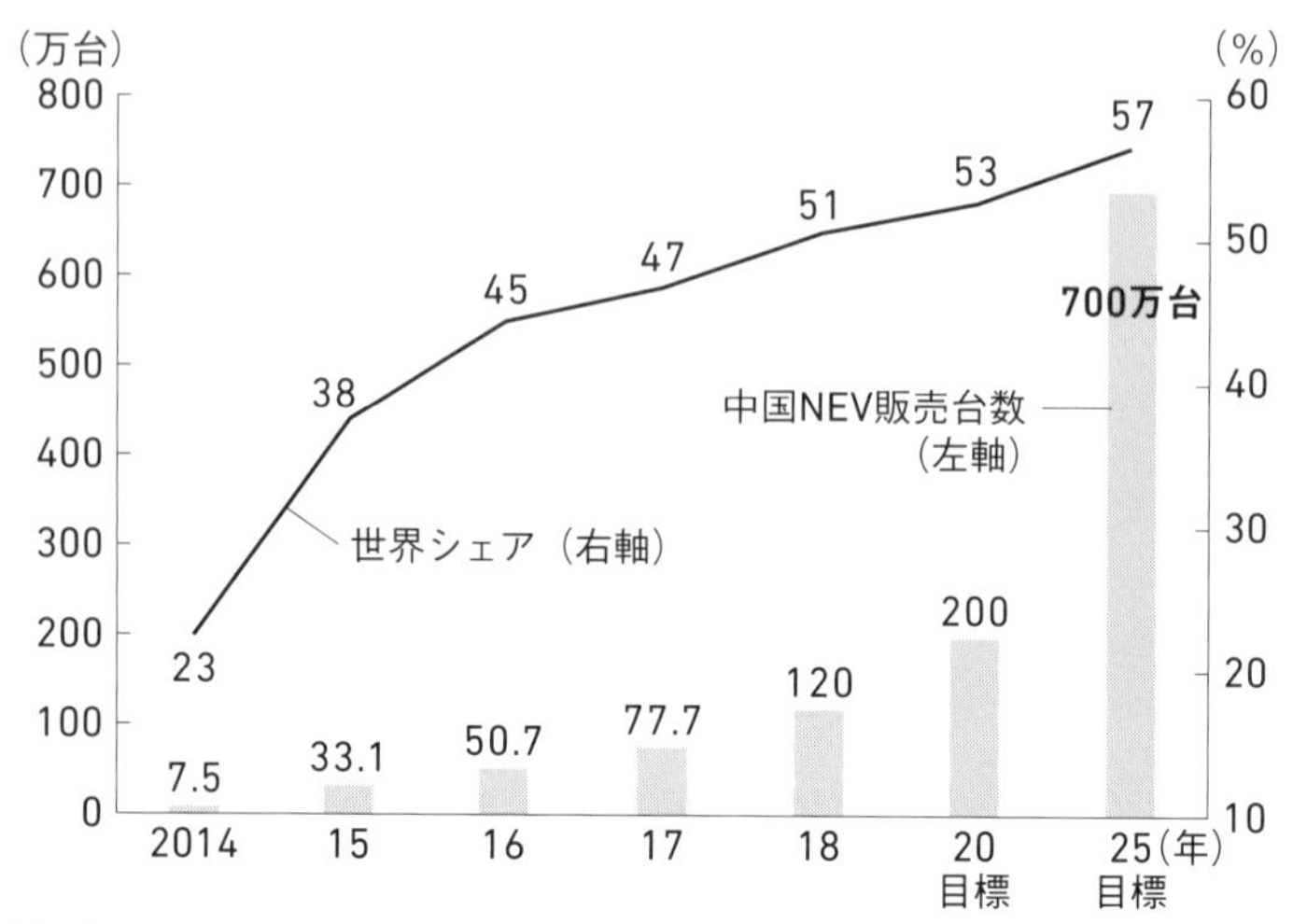

(出所) IEA、中国汽車工業協会

3%から18年は4・5%に上昇した。2020年にはNEV販売台数200万台(新車販売台数全体の7%)、中国全土における保有台数500万台を超えると政府が掲げた目標は、懸念なく達成できると思われる。

EV需要に惹きつけられ、異業種を含む多くの中国地場メーカーが続々とEV生産に乗り出した。一方、中国で販売された新車100台当たりのトラブル件数を見ると、EVのトラブル件数はエンジン車のそれより実に3割以上も多い(J.D. Power調べ)。また、2018年のEV発火事故は40件を超え、深刻な品質問題が露呈した。地場メーカーが安易にNEVの生産・出荷スピードを優先するあまり、電池の開発に欠かせない安全テストが疎かになったことが事故要因の1つに挙げられている。

2019年3月15日の消費者権利デーで放送された中国中央テレビの番組で、EVの実際航続距離がメーカーの公称する値の半分に過ぎない例が取り上げられ、EVメーカーの品質に対するモラルの欠如が社会問題となっている。

このような状況下、中国政府は安全性と技術の向上を目的にNEV政策の見直しに着手した。2019年3月18日に発表された「NEVリコール管理の強化策」において、2018年以降に発生したEV事故の調査で品質不備が認められたメーカーに対する生産・販売ライセンスの即時取り消しが規定された。部品メーカーにEVメーカーの品質不備を国家市場監督管理総局へ通報する義務を負わせるなどして、NEVの品質管理強化を図ろうとしている。

また政府は、NEVの運行状況を監視するプラットフォームを立ち上げ、電池搭載車両の情報などを全国レベルで追跡するシステムの整備を急いでいる。2019年7月には電池メーカーに対し、電池の発火する5分前にアラームで警告する機能の追加が義務付けられた。

3　EV革命の軌道修正

省エネ技術の重視へ

2018年末時点で、中国で登記されたNEVメーカーは累計で474社で（NEV業界基準の審査合格ベース）、多くのNEVメーカーが自社工場の建設に取り組んでいる。だが2018年末、NEV乗用車メーカー約60社のうち、生産台数1万台以下のメーカーは45社に上った。また、主要自動車メーカーの生産計画を合算すると、2020年の中国NEV生産能力は市場需要の5倍にまで膨らみ、1000万台に達すると見込まれている。

自動車市場はNEVと内燃機関車の併存の時代が少なくとも10年以上続く。EV一辺倒では、内燃機関を含めたクルマの省エネ技術の空洞化が懸念される。このような環境下、中国政府は地場メーカーのちぐはぐな発展を是正し、省エネ技術も重視する方針を固めた。

前述の「ダブルクレジット政策」は、燃費とNEVのダブル規制を組み合わせてNEVシフトを推進する中国政府の巧妙な取り組みといえる。

ところが現実には、地場メーカーの多くはNEV規制に配慮しつつも、足元では依然として排気量の多い車や燃費性の悪い車種の生産に注力している。乗用車メーカー各社の2018年度燃費目標達成状況を見ると、輸入企業を含む規制対象企業141社のうち、約5割の企業が目標未達成となった。地場メーカーだけではなく、上汽GM五菱、東風日産、長安フォードなど外資系メーカーがその上位に名を連ねた。

しかし、省エネ技術の未成熟や研究開発費の負担、外資系メーカーによる基幹部品の寡占などを勘案すると、地場メーカーの燃費改善への対応は簡単ではない。そのため結局、一部の地場メーカーは、燃費超過分はNEV生産やNEVクレジットの購入でまかなうことができるものの、中国政府の省エネ化方針には反することとなっている。

2019年7月9日に発表された「ダブルクレジット政策」の修正案では、乗用車生産・輸入台数に占める「NEVクレジット」の比率（2019年10％、2020年12％）を2021～23

図表3-6　主要乗用車メーカーの2018年度燃費目標の達成状況

企業名	余剰クレジット	企業名	不足クレジット
上海汽車(中)	1,264,197	上汽GM五菱(米)	−369,841
BYD汽車(中)	1,208,933	東風日産(日)	−264,191
BYD工業(中)	984,046	上汽GM(米)	−233,625
奇瑞汽車(中)	635,398	北京現代(韓)	−208,163
JAC(中)	622,745	長安フォード(米)	−199,855
浙江豪情汽車(中)	579,767	上汽GM東岳(米)	−131,427
北京新能源(中)	463,386	四川一汽豊田(日)	−105,200
華晨BMW(独)	426,431	広汽三菱(日)	−102,360
北京汽車(中)	422,918	広汽ホンダ(日)	−75,038
吉利汽車(中)	382,176	東風ホンダ(日)	−22,203
天津一汽トヨタ(日)	278,559	鄭州日産(日)	−10,542
広汽トヨタ(日)	233,702	長安マツダ(日)	−6,519

(出所) 中国工業情報省の発表

年に2%ずつ増やし、1台当たりの「NEVクレジット」ポイントを約半分に引き下げることにより、メーカー各社にNEV生産量の増加を求めている。一方で、CAFC規制をクリアした車種が「低燃費車」と定義され、それに対する「NEVクレジット」ポイント算出を優遇するとしている。

例えば、乗用車メーカーが2019年にガソリン車やHVを100万台生産した場合、2万台のEV（航続距離400キロメートル）を生産する必要がある。しかし修正案では、ガソリン車ならEVを3万6000台生産、「低燃費車」とされるHVならEVを7000台生産すればクリアできる。そこからは、HV生産の実績がある自動車メーカーを評価する意図が見受けられる。

ガソリン車の生産規模およびNEV需要の地域性を考慮すれば、NEV生産のみで燃費規制に対応するのは現実的ではないため、燃費目標が未達成のメーカーは当面、エンジン排気量の小型化など何らかの省エネの工夫をせざるを得ない。

実際中国では、エンジンにダウンサイジング効果をもたらすターボチャージャーを搭載したクルマが増加し、民族系メーカーのターボチャージャー搭載率は2012年の3％から19年には40％超へ上昇している。しかし、最新型ターボチャージャー・直噴エンジンを採用するVWでさえ、10％の燃費向上を実現するのは難しく、ましてや民族系メーカーの実力では、エンジンのダウンサイジングだけでは燃費規制をクリアしにくいといえよう。

また、2018年の中国HV販売台数は約27万台、中国における新車販売台数全体の1％にとどまっている。中国ではNEVとして推進されるPHVに対し、過渡期としてのHVが一気に増加するとは考えにくい。トヨタは2019年4月にHVの特許無償開放を発表しており、中国でHVシステムの販売も強化する方針だ。しかし、多くの地場メーカーはすでに2015年からフルHVの開発を中止し、PHVの開発に力を入れている。

燃費規制に苦しむ民族系自動車メーカーにとっては、構造が複雑でかつ開発コストも高い日本の技術を用いたフルHVへの新規参入に勝算を見出せないため、構造がシンプルなマイルドHVへの期待が次第に高まる。特にSUVを多く生産する民族系ブランド車には有効な省エネ手段といえる。

ＥＶ参入条件の明確化

ＥＶメーカーの乱立や品質低下に対し、製造強国を目指す中国は、ＥＶ技術力強化のため「量から質へ」と方向を修正した。中国政府は２０１６年３月、ＥＶライセンス制度を導入した。しかしガソリン車関連事業から参入した15社にＥＶ生産ライセンスを発給した２０１７年５月以降、発給を停止していた。そして多くの新興ＮＥＶメーカーは、ライセンスを取得していないにもかかわらず、相次いで自社工場の建設に取りかかっている。

２０１９年１月、中国政府が３社にＥＶライセンスを発給したと同時に、「自動車産業投資管理規定」の適用を開始した。同規定では、中国におけるガソリン車メーカーの新規設立や商用車メーカーによる新規乗用車事業などが禁止される。また、メーカーがガソリン車の生産能力を拡張しようとする場合、直近２年間の工場稼働率とＮＥＶ生産比率が業界平均を上回っていることが条件とされる。そこからは、ＮＥＶ生産の実績が乏しい自動車メーカーを厳しく規制する意図が見受けられる。

また、ＥＶ工場の新規設立については、メーカー所在地（省・市等）における過去２年間の工場稼働率が業界平均を上回ることや、既存のＥＶ工場が計画通り稼働していることなど、自動車メーカーだけでなく地方政府に対しても厳しい参入基準が設けられた。これには、経済成長のみを追求する地方政府の企業誘致行動を抑制しようとする狙いがある。今後ＥＶの生産は基盤産業およびサプライチェーンの整備されている地域へシフトしていくものと考えられる。

他方、当初ガソリン車の範疇にはディーゼル車のほかＨＶやＰＨＶも含まれた。ＰＨＶはエン

図表3-7 「自動車産業投資管理規定」の骨子

ガソリン車	EV
範疇：ディーゼル車、HV、PHV	**範疇**：EV、E-REV
企業新設：禁止 • 商用車企業の乗用車事業参入、乗用車企業の商用車事業参入を含む	**企業新設：条件付き** • 企業所在地の過去2年間の工場稼働率が業界平均を上回る • 既存のEV工場が計画通り稼働
能力拡張： • 直近2年間の工場稼働率とNEV生産比率が業界平均を上回り、R&D売上高比率は3%超 • 前年度生産台数30万台超、新工場生産能力15万台超	**新興企業の参入条件：** • 直近2年間のEV乗用車販売台数3万台超 • EV商用車累計販売台数3,000台 • 累計売上高30億人民元

（出所）中国国家発展改革委員会発表

ジンとモーターの両方を搭載するため、ガソリン車に比べ価格は割高であるものの、航続距離がEVより長いため消費者に受け入れられやすい。

ところが、中国でNEVとして推進しているPHVをガソリン車と同様に規制してしまうと、PHV市場の成長が鈍化する懸念が高まる。しかし2019年から一定量のNEV生産を義務付けられたメーカー各社は、EVの生産だけを頼りにこの規制をクリアすることは現実的でないとして、PHVの投入をこぞって決断した。

こうした事情から中国政府は、PHVを特例扱いしNEV生産比率規制の対象外としたほか、エンジンが発電専用でモーターのパワーだけで走行するレンジエクステンダー（E－REV）もEV分野として認めることにした。

上記政策はNEVの技術多様化と生産能力抑制の双方を求めるもので、中国政府としては「一石二鳥」の戦略である。こうした参入条件の明確化に加え、中国政府は外資合弁乗用車メーカーやEV乗用車メーカーの設立に

図表3-8　EV生産ライセンスを取得した20社（2019年7月時点）

	企業名	所有	親会社・株主（本業）	生産拠点	計画能力（万台）
1	北京新能源	国有	北京汽車（EV国内第1位）	北京、青島	7
2	長江EV	国有	五龍集団（電池、金融）	浙江杭州	5
3	前途汽車	民営	長城華冠（自動車設計）	江蘇蘇州	5
4	奇瑞新能源汽車	国有	奇瑞汽車（NEV国内第4位）	安徽蕪湖	8.5
5	敏安汽車	民営	台湾敏実（部品大手）	江蘇淮安	5
6	万向集団	民営	万向集団（部品大手）	浙江蕭山	5
7	江鈴新能源	国有	江鈴汽車（NEV国内第9位）	江西南昌	5
8	金康新能源	民営	小康工業（商用車生産）	重慶	5
9	国能新能源	合弁	国能控股（エネルギー）	天津	15
10	雲度新能源	国有	福建汽車（完成車生産）	福建莆田	6.5
11	蘭州知豆	民営	新大洋集団（低速EV）	甘粛蘭州	4
12	河南速達	民営	速達交通節能（EV部品）	河南三門峡	10
13	合衆新能源	民営	桐郷合衆（国有投資会社）	浙江嘉興	5
14	陸地方舟NEV	民営	陸地方舟（EVメーカー）	広東佛山	5
15	JAC-VW	合弁	JAC（NEV国内第6位）	安徽合肥	10
16	河南森源NEV	国有	森源集団（商用車メーカー）	河南許昌	5
17	江蘇国新NEV	民営	江蘇奥新（EVメーカー）	江蘇塩城	5
18	康迪電動汽車	民営	吉利汽車（NEV国内第3位）	浙江杭州	5
19	国機智駿汽車	国有	国機集団（自動車貿易）	江西贛州	10
20	国金汽車	民営	国金集団（EVメーカー）	山東淄博	10

（出所）国家発展改革委員会の発表

関するこれまでの事前認可制度を改め、地方政府に認可権限を委譲した上で届出制へと変更した。2019年7月時点で、EV生産ライセンスを取得した企業は20社に達した。

このような一連の規制緩和は、EVの生産に至るまでの認可のハードルを引き下げるものであり、中国政府の推進する「放管服改革」（行政簡素化・権限委譲、監督強化、サービス最適化）とも符合するといえる。その背景には、外資系自動車メーカーのＮＥＶ市場参入や実力を兼ね備えた新興ＥＶメーカーの育成を通じて、中国のＮＥＶシフトを加速させようとする狙いがある。

「青空を守る戦い」計画の後押し

経済発展のみを追求した結果生じた中国の大気汚染問題が、昨今、世界から批判を浴びている。石炭の燃焼による微小粒子状物質「ＰＭ２・５」が大気汚染の源といわれるが、北京、深圳などの大都市では、自動車による排ガスが「ＰＭ２・５」発生の主要な原因であると中国生態環境省が発表した。

中国政府は２０１８年７月、大気汚染対策として「青空を守る戦い」と銘打つ３年計画（２０１８～20年）を発表した。「窒素酸化物（ＮＯｘ）など有害物質の排出量を２０２０年には２０１５年比15％以上削減、ＮＥＶの販売台数を２００万台、バスや特殊車両のＮＥＶ比率を80％」とする目標を掲げた。

中国政府は欧州基準を参考にした自動車排ガス規制を２００１年から施行し、現在は第５段階となる「国５」基準を全国で設けた。「国６」基準は現行基準と比べ排出規制値に対する要求がより厳しくなっており、窒素酸化物に対する排出規制値は、50％の向上が求められる。

また政府は「国６」基準を「国６ａ」（「ユーロ６」より厳格）と「国６ｂ」（米国・ティア３規制に相当）の２段階に設定し、自動車メーカーに基準をクリアするまでの猶予期間を与える。そして中国で販売・登録されるすべての軽型自動車（総重量３・５トン以下の乗用車と商用車）

が、2020年7月までに「国6a」基準、2023年7月までには「国6b」基準を満たす必要があると規定した。

一方、上海、広州、重慶など大気汚染対策の重点地域には「国6b」基準を全国導入時期より4年前倒しして2019年7月から適用した。「国6」基準が導入されると、適用期間が2年間に過ぎなかった「国5」基準車の生産・販売・登録が全面的に禁止される。自動車メーカーが新基準をクリアするには、エンジン設計、電子制御システムおよび燃料噴射などの技術を向上させる必要がある。

一般に規制対応によって1台当たりの製造コスト増はエンジン車で約3万円、ディーゼル車で約7万円増えるといわれている。地場自動車メーカーはその製造コスト増加分を販売価格に転嫁せざるを得ず、価格競争力の低下が懸念される。

すでに登録済みの車両は当面は新基準の適用を免れるものの、いずれはラッシュ時や特定道路における走行規制の対象となる恐れがある。またHVを含む「国5」基準車を「国6」基準にグレードアップさせないという政策の実施が観測されている。

さらに中国の産業政策はしばしば一貫性に欠けるため、今後「国6」基準より厳しい基準が導入されることも否定できない。こういう状況にあっては、ガソリン車より排気基準対象外のNEVを購入する消費者が増加すると思われる。

中国政府は厳しい基準を設けることで、すべての自動車メーカーにガソリン車の省エネ化を求めるだけでなく、地場自動車メーカーにはそのブランドの国際競争力向上を求める。地場自動車

清華大学のイベントに出席した辛国斌（写真左）と万鋼（同右）

（出所）筆者撮影

メーカーにとっては、構造が複雑で開発コストの高いエンジンや省エネ部品分野への新規参入に勝算を見出せないため、外資系部品メーカーに対する依存は今後少しずつ高まることになろう。

２０１７年９月、工業情報省の辛国斌次官が天津で開かれた自動車フォーラムで、化石燃料車の生産・販売禁止の時期について政府内で検討を始めたことに言及した。２０１９年２月、工業情報省は、「新エネルギー自動車産業発展計画（２０２１～35年）」の策定を開始し、質の高いＮＥＶ産業の発展を主軸に据えた上で、ＮＥＶとＩＴ、エネルギー、交通が深く融合する新たな発展モデルを探る方針を示した。辛が政策策定の責任者となり、万鋼が専門家諮問委員会のトップを務める。

２０１９年3月、中国海南省政府が「海南省クリーンエネルギー車発展計画」を発表し、「２０３０年よりガソリン車の販売を全面的に禁止」するとした。中国でガソリン車販売禁止のタイムテーブルが発表された。今後、大気汚染対策として同省の政策に追随する都市が増えていくようであれば、中国におけるＥＶシフトは一気に加速すると予想される。

第4章 破壊者と追随者

1 中国NEV市場の現状

破壊者と追随者

中国政府は力強くEV革命を推進し、製造強国入りの早期実現を図ろうとしている。こうした次世代産業育成構想の下、ガソリン車のコンセプトを超えた新市場の創出が期待され、地場自動車メーカーにおいて脱ガソリン車を目指す機運が高まっている。EV革命の行方を左右する電池の需要増加も予測され、強い地場電池メーカーの出現が求められている。

2010年、中国政府は、地場NEVメーカーの立地する上海、深圳など計5都市をモデル地区に指定し、個人向けのNEV補助金政策を実施し始めた。こうした都市に立地するBYD、上汽乗用車等の民族系自動車メーカーは、いち早くNEV市場に参入した。CATLや国軒高科など多くの地場電池メーカーもＥＶ電池の生産を開始した。

２０１４年からＮＥＶ革命が国策として推進されている。政策の波に乗り、蔚来汽車、小鵬汽車、車和家などＩＴ企業や異業種から参入した新興ＥＶメーカーが増加した。その一方で、当時の中国の交通事情を勘案し、ＥＶ革命の実施は簡単ではないと判断した外資系自動車メーカーは少なくなかった。２０１７年に発表した中国のＮＥＶ規制を受け、外資系自動車メーカーはようやくＮＥＶ生産体制の構築に踏み出した。

したがって、ガソリン車市場の破壊者は中国政府、地場の自動車メーカーおよび電池メーカーとなる。序章で述べたように習近平国家主席は、ＥＶ革命で製造強国を実現する戦略の決定者であり、万鋼元中国科学技術大臣はＥＶ技術路線の提唱者であるといえよう。

またＥＶで自動車業界の勢力図を塗り替えようとするＢＹＤの王伝福会長、ＥＶ電池の重要性を意識するＣＡＴＬの曽毓群会長を加え、この４人は中国ＥＶ革命を推進する代表的な破壊者に挙げられる。今後、地場メーカーはＥＶ革命の大任を担う一方、外資系企業と競合する実力を備える必要がある。

そして、その追随者は新興ＥＶメーカー、外資系自動車メーカー、ＩＴ企業、部品メーカーおよびＥＶ関連サービス業者であるといえよう。新興ＥＶメーカーに出資したアリババの馬雲ＣＥＯ、テンセントの馬化騰ＣＥＯ、バイドゥの李彦宏ＣＥＯなど大手ＩＴ企業の経営者は、市場の変化を素早くキャッチしたことによって中国のＩＴ革命を牽引してきた。来るべきＭａａＳ及びスマートシティの時代に向けて、自社のインターネット技術とクルマを融合させ、国民の生活に深く関与することを期待するであろう。

NEV市場の特徴

中国の地場自動車メーカーは補助金支給制度の波に乗り、急速に成長している。BYD、北汽新能源、上汽乗用車、奇瑞汽車、吉利汽車など民族系5社が2018年の世界NEV市場販売トップ10にランクインしており、中国市場でも約6割のシェアを占めた。また、一部の新興EVメーカーは2018年に生産開始したものの、少量生産であるため、2019年1~6月の市場シェアは5%にとどまった。

一方、NEV補助金支給条件の1つとなる地場メーカー製電池搭載といった暗黙の業界ルールが、外資系メーカーの参入障壁となっていた。中国政府が2017年と18年に認定した補助金対象車を見ると、NEV乗用車計1227車種のうち、外資系車種は全体の6%に過ぎなかった。外資系企業は本格的な生産を行っていないため、PHVを中心とするBMW、高級輸入車に特化するテスラを除くといずれも販売台数は少ない。こうして民族系自動車メーカー、新興NEVメーカー、外資系自動車メーカーの三つ巴の構図が鮮明になった。

NEV需要の実態（2019年1~6月販売ベース）を見ると、航続距離300キロメートル超の車種が全体の6割を占め、小売価格（補助金控除後）15万元（約250万円）以下の車種が全体の半分を占める。全長4メートル以下の小型EVが、小型ガソリン車と競合できる価格水準となっており、現在のNEV市場シェアの4割超となっている。EVが好調な半面、補助金額に

図表4-1　世界NEV乗用車販売トップ10ブランド

（台）

	2015年		2016年	
順位	ブランド名	台数	ブランド名	台数
1	BYD（中）	61,726	BYD（中）	100,183
2	テスラ（米）	51,598	テスラ（米）	76,243
3	三菱自（日）	48,204	BMW（独）	62,148
4	日産（日）	47,452	日産（日）	56,498
5	VW（独）	40,148	北京汽車（中）	46,420
6	BMW（独）	33,412	VW（独）	37,523
7	康迪（中）	28,055	衆泰汽車（中）	37,363
8	ルノー（仏）	27,282	シボレー（米）	32,199
9	衆泰汽車（中）	24,516	三菱自（日）	32,179
10	フォード（米）	21,326	ルノー（仏）	29,701

	2017年		2018年	
順位	ブランド名	台数	ブランド名	台数
1	BYD（中）	109,485	テスラ（米）	245,240
2	北京汽車（中）	103,199	BYD（中）	229,338
3	テスラ（米）	103,122	北京汽車（中）	164,958
4	BMW（独）	97,057	BMW（独）	129,398
5	シボレー（米）	54,308	日産（日）	96,949
6	日産（日）	51,962	Roewe（中）	92,790
7	トヨタ（日）	50,883	奇瑞（中）	65,798
8	Roewe（中）	44,661	現代自（韓）	53,114
9	VW（独）	43,115	ルノー（仏）	53,091
10	知豆（中）	42,484	VW（独）	51,774

（出所）EV sales発表

BYD社内を走るモノレールと充電塔
（EV400台対応）

（出所）筆者撮影

太陽光路面照明でEV充電
（イメージ）

劣るＰＨＶのシェアが２０１５年の36％から現在は20％へと大きく低下した。また、リースやカーシェアリング市場の拡大に伴い、販売台数全体に占める法人需要の割合は２０１８年の７％から２０１９年１～６月は約30％へと大きく上昇した。

中国ＮＥＶ販売トップ10都市のうち、６都市で自動車ナンバープレートの発給規制が実施されているが、ＮＥＶはナンバープレートの発給規制の対象外であるため、上記都市での販売台数は中国全体の約４割強を占める。

ＮＥＶ普及に不可欠な充電インフラを整備するため、中国政府は２０２０年までに充電スタンド４８０万台を設置する計画を打ち出した。２０１９年６月末時点で、全国のＮＥＶ保有台数が３３４万台であったのに対し、充電スタンドの設置数は１０１万台に過ぎないからだ。そして今後は、地方政府も充電インフラの整備を加速するものと思われる。

一方、中国では、電池性能を含むＥＶ中古車測定体制の不備により、ＥＶの中古車取引価格と新車価格が大きく乖離している。例えば車齢3年のＥＶとガソリン車の残価率を比較すると、広汽ホンダのフィットが71％であるのに対し、テスラのモデルＳは58％にとどまっている（中古車インターネット競売大手のＴＴＰＡ調べ）。中古車市場で評価されにくいことが、一部の消費者からＮＥＶが敬遠される要因となっている。

長距離走行、充電インフラの整備、充電時間の短縮の実現が、中国のＥＶシフトの必須条件であろう。現在、沿海部の大都市では、ナンバープレートの発給規制によるＥＶ特需があり、短距離移動に適したＥＶコンパクトカーがＥＶ市場の主流である。他方、内陸部の中小都市では、中古車を含む対ガソリン車のコストパフォーマンスと利便性の向上がＥＶ購入の重要な条件となるだろう。

2　ＢＹＤの快走

中国最大手のＮＥＶメーカーであるＢＹＤは、自動車事業にとどまらず、電池事業から携帯電話事業まで幅広く手がけており、近年は自社開発したモノレールの建設プロジェクトにも積極的に取り組んでいる。

なかでも売上高全体の4割を占めるＮＥＶは２０１８年に販売台数24・8万台（商用車を含む）で、4年連続で世界第1位となっている。中国歴代王朝の名を冠する王朝シリーズのＮＥＶ乗用車は中国市場で人気を集め、中・大型ＥＶバスは国内市場だけでなく、海外市場でも納入拡大が続いている。グループ全体の新車販売台数は２０１８年に52万台に達した。

現在、ＢＹＤは中国全土に自動車生産拠点15カ所、パワートレイン生産拠点5カ所、ＥＶ電池生産拠点3カ所を設け、ガソリン車、ＥＶ、ＰＨＶの年間生産能力約１０９万台を構築した。ＥＶ生産では独ダイムラーや広州汽車との提携を強化し、電池生産では長安汽車と合弁で電池工場の建設を計画している。海外でも、日本、米国、英国、ブラジルなど50カ国・地域の約３００の都市でＥＶバス・タクシー事業を展開している。

携帯電話市場を席巻する低価格電池

１９９３年、北京有色金属研究兇院が深圳で比格電池を設立し、序章で紹介した電池専攻の王伝福が総経理として任命された。その後、日本では充電式電池の生産が中止される情報を入手した王は、北京有色金属研究兇院を辞めて、いとこの呂向陽（現在、同社の副社長）から２５０万元（約４０００万円）を借り、１９９５年にＢＹＤ実業科技を設立した。社名をＢＹＤとしたのは"Bring You Dollar"（ドルを稼ぐ）との意を込めたのである。現在は"Buiid Your Dreams"（消費者の夢の実現）を意味している。

王は大学時代の同窓や元職場の同僚を誘い、20人で事業をスタートし、１９９７年にはニッケル・カドミウム電池工場を建設した。当時、日本から全自動ラインの導入を検討したものの、高額であったため断念。その後、王は電池の生産工程を徹底的に細分化し、半自動ラインを開発した。そして華南地域の廉価な労働力を活用する「人海戦術」で電池の量産を実現する。その結果、生産コストを日本の電池メーカーよりも3～4割も引き下げた。このように外資系企業の製品より大幅な低価格を実現し、市場シェアを急拡大させた。

1999年、BYDはリチウムイオン二次電池の生産に着手し、海外輸出も開始した。2000年には深圳で新工場を建設し、当時中国の携帯電話市場でトップシェアを占めていた米モトローラに電池のサプライヤーとして認定された。そして創業7年目の2002年、香港証券取引所への上場を果たした。

2002年、三洋電機の米国法人はカリフォルニア州の連邦地方裁判所にBYDの電池に対し特許侵害訴訟を起こし、翌年にはソニーが東京地方裁判所に同様の提訴を行った。これら2件の訴訟はそれぞれ三洋電機との和解、ソニーの敗訴で終えた。

自動車メーカーへの変身

日本企業の訴訟にひるむことなく、王は電池技術を活かしてEVを生産する構想を描いた。2003年には国有企業の西安秦川汽車を買収し、果敢に自動車業界に参入した。当時、特許侵害を回避するため、他社の乗用車を分解し、徹底的に研究した。2005年に開発したセダンF3はトヨタカローラの模倣車といわれていた。三菱自動車製エンジンを搭載した同モデルは、低価格を武器とし2009年に中国乗用車市場の販売台数でトップに立った。

BYDは電池事業において、各生産工程において単純作業化を行うことにより、需要の変動に対する柔軟な生産対応が可能となった。一方、他社製品の模倣からスタートした自動車事業では、コストを削減するため、部品の内製化によって垂直統合型の生産体制構築を図っていた。そして２００８年に寧波中緯を買収し、駆動制御関連の車載電子の内製化を実現した。２０１０年には日本の大手金型メーカー、オギハラの館林工場（金型製造）を買収し、ドアパネルやボディなど大型プレス製品の品質向上を図った。こうしてＢＹＤはパワートレインや内外装部品を含む部品の内製化を進め、２０１７年時点で部品の内製率は約70％に達した。

まだ中国でＮＥＶの普及が進んでいなかった２００８年、同社は世界初のＰＨＶ「Ｆ３ＤＭ」を開発した。「Ｆ３ＤＭ」は王がイメージした自社の電池技術と自動車技術を融合する車種であり、シボレー・ボルトより約2年、プリウスＰＨＶよりも約3年早く開発できた。著名投資家であるバフェットがバークシャー・ハサウェイを通じてＢＹＤに出資し、発行株式の９・８９％を取得した。これを受け、ＢＹＤの株価は急騰し、王は２００９年に総資産59億ドルで中国第1位の大富豪となった（米誌「フォーブス」発表）。

２００９年、ＢＹＤは個人向けのセダンタイプＥＶ「ｅ６」を投入したものの、充電インフラの整備が遅れていたため、販売台数は計画より少なかった。翌年、ＢＹＤはＥＶバス「Ｋ９」を投入し、市営の路線バスとして中国各地の地方政府に供給した。またロサンゼルスに北米本部の設立を発表し、海外向けの輸出にも着手し始めた。２０１３年に米カリフォルニア州南部のランカスターでＥＶバス工場を建設し、19年までに米国で累計３００台のＥＶバスを生産した。

乗用車事業では、２０１３年に王朝シリーズの第1号「秦」を発売し、14年には「５４２戦略」と呼ばれる技術目標（時速０から１００キロメートルへの加速が5秒、四輪駆動、１００キ

BYDのeプラットフォーム

「Dragon Face」のSUV「宋」pro

（出所）筆者撮影

ロメートル当たり必要な燃量が2リットル）を打ち出した。同戦略は外資系企業に遜色ない技術指標を設定し、ＢＹＤのＮＥＶ技術の向上を示した。

そして、２０１８年には「３３１１１」と呼ばれるＥＶプラットフォームを公開した。「これはＢＹＤ技術の集大成だ」と王が自信を持って語った。

この5ケタの数字は、駆動モーター、コントローラー、減速機を一体化する駆動系ユニット（３部品）、直流電源モジュール、充電器、配電盤を一体化する高圧電源ユニット（３部品）、インパネやエアコンを制御するプリント基板（1枚）、車内コネクテッドシステム“DiLink”を搭載する回転可能なスクリーン（1枚）、自社製リチウムイオン電池（1個）を指すもの。同プラットフォームは、最新の“Dragon Face”デザインを採用したＳＵＶ「宋」ｐｒｏ、「ｅ2」で採用され、標準化されたユニットとして開発の効率化を図ろうとしている。

また、自動運転車開発にも積極的に取り組んでいる。２０１８年9月には、インターネット検索中国最大手のバイドゥと協力して、３年以内に自動運転技術を採用した車両を量産する計画を明らかにした。２０１９年7月19日、ＢＹＤとトヨタはＥＶや電池の共同開発契約を締結し、２０２０年代前半にトヨタブランドで中国市場に導入することを目指している。

カリスマ経営者の底力

２０１９年1月に開催された中国電気自動車百人会（業界有識者）フォーラムで、「ガソリン車禁止のタイムテーブルを明確にすれば、２０３０年に中国における全面的な電動化を実現できる」と王伝福が強調した。

従業員23万人を率いる王は「技術為王、創新為本（Technology based' Innovation oriented）」の理念に基づき、リーダーシップによる独断的な経営でさまざまな荒波を乗り越えてきた。王は常に「人材第一」を意識し、松下幸之助の名言「物をつくる前に人をつくる」によく言及した。王は社内では、Ａ（副社長クラス）、Ｂ（事業部長）、Ｃ（部長）～Ｉ（平社員）の9等級に分けて人事評価制度を実施している。

社員は技術や実績が上がることによって等級が上がるごとに、給与も約15％上がる。社員は、12年間の就労契約は必要となるが、市販価格の半額程度で自社開発のマンションを入手できる。また中間管理職を定着させるために、王は２０１５年に個人保有していた17・５億元（約２８０億円）に相当する株式を、社内のコア人材97人に分け与えた。

さらに、社員（非生産部門）は基本給（月給）の3割前後に相当する業績給も毎月支給される。業績給は本人の所属部門の業務利益率にリンクしており、その割合は2カ月ごとに変更される。これは王が考えた給与面での成果主義だ。

人事管理面の工夫だけではなく、王は事業展開においても大きな転換を決意した。これまでは、電池、駆動モーター、モーター制御などの基幹部品の全量内製化を進めることでコストの削減を行い、低価格モデルを投入することによって、事業の拡大を図っていた。一方、グループ内部品メーカーの品質向上を勘案し、２０１８年以降、王は部品の外部調達を拡大する方針を固めた。また、今まで自社ＮＥＶのみに供給してきた車載電池部門を２０２２年までに分離上場させ、外部供給に踏み出すことで、電池分野における収益の拡大を図ろうとしている。

一方、中国政府はＮＥＶ補助金を段階的に引き下げる方針を決めた。ＢＹＤの純利益を見ると、補助金が追い風となっていた２０１６年は前年比78・9％の増益だったが、２０１７年に同19・５％の減益に転じ、２０１８年も同32％の減益となった。新興ＥＶメーカーの参入も相まって、先行きは不透明である。

「過去に例を見ない政策支援が脱ガソリン車の唯一のチャンスだ」と王は痛感した。ＮＥＶ補助金政策の恩恵に期待できないなかで、いかに製品技術の弱点をカバーし、対ガソリン車の競争優位を構築できるか、今まさ

王伝福BYD会長（2019年上海モーターショー）

（出所）筆者撮影

に民営企業の底力と企業家精神が問われている。

3 欧州系企業の布陣

口火を切ったＶＷの３社目合弁企業

２０１９年に導入されたＮＥＶ規制が中国自動車業界に大きな波紋を広げている。電池、モーター、制御システムなど基幹部品を含むＮＥＶの開発には約２年が必要といわれているなか、ＮＥＶ規制へも対応するのは困難が伴うであろう。実際、ＮＥＶの生産体制を構築するための時間的猶予を与えるため、日・米・欧・韓の自動車協会は連名で中国政府にＮＥＶ規制の実施延期を要請した。

中国で生産能力４００万台超のＶＷは、２０１７年に地場自動車メーカーのＪＡＣとＥＶ生産台数最大36万台規模の合弁企業を設立し、外資系初のＥＶライセンスを取得した。ＶＷは新会社に対しＮＥＶクレジットの優先購入権を持つことでＮＥＶ規制の達成を図る。

一方、ＪＡＣとの合弁会社設立は、ＶＷにとって、上海汽車、中国一汽の2社に続く3社目の提携であり、１９９４年から実施されている「外資系企業合弁は2社まで」とする中国自動車産業政策が存在するなか、異例の認可取得となった。背景には、李克強総理とメルケル首相が後押しするプロジェクトであることと、ＶＷからの技術移転により国内ＮＥＶ産業の発展を期待する中国政府の意向がある。ＶＷの正当性を追認した形で、中国政府が２０１７年6月にＥＶ企業の新設に関する規定を発表し、外資系企業はＥＶ事業に限り、従来の産業政策の制約から解放され、３社目の合弁企業設立も可能となった。

こうした「中独蜜月」の環境下、ドイツ系高級車３社はラインアップの拡充や生産能力の増強など、中国ＮＥＶ市場での布陣を急いでいた。アウディが２０１７年にＰＨＶ〝A6Le-tron〟を発売し、19年にはアウディ初のＥＶである〝Q2Le-tron〟を投入した。ダイムラーはＥＶ大手の北京新能源に出資し、北京でＥＶ工場と電池パック工場の建設を発表した。また、中国大手民営自動車メーカーの吉利汽車と共同で小型高級車ブランド「スマート」のＥＶ生産を発表した。

ＢＭＷは２０１８年にＰＨＶ「５３０Ｌｅ」を生産、25年までにはＮＥＶ25車種を投入し中国ＮＥＶ市場で25％のシェアを目指す。この目標を実現するために、ＥＶ電池パックの生産能力を現在の８・２万台から32・８万台に引き上げる。中国のＥＶ充電スタンド運営大手である特来電と星星充電の２社と提携し、中国１８０都市で充電スタンドの設置を急いでいる。また、２０１８年に長城汽車と合弁で年産16万台のＥＶ工場を設立し、２０２１年に小型高級ブランド「ＭＩＮＩ」ＥＶの生産を目指している。

これらドイツ企業の動きに追随して、米フォード・モーターと地場中堅自動車メーカーの衆泰汽車、日産・ルノーと東風汽車、マグナ・インターナショナルと北京汽車などの新規ＥＶ合弁事業が相次いで発表された。また、ルノーが地場中堅ＥＶメーカーの江鈴新能源に出資するなど、ＮＥＶ業界内の資本提携の動きも活発化している。

米ゼネラル・モーターズ（ＧＭ）は２０１９年に、「ビュイック（別克）」ブランドのＥＶ

図表4-2　中国における外資系企業のEV参入

（万台）

外資系側	中国側	形態	EV年産計画
テスラ	―	独資	50
VW	JAC	合弁	36
マグナ	北汽新能源	合弁	18
BMW	長城汽車	合弁	16
ダイムラー	北京汽車	出資	15
ダイムラー	吉利汽車	合弁	15
ルノー	江鈴新能源	出資	15
日産・ルノー	東風汽車	合弁	12
フォード	衆泰汽車	合弁	10

（出所）各社公開資料

「VELITE 6」、「シボレー（雪仏蘭）」ブランドのEVを投入し、2023年までにNEV9モデル以上を投入する予定。フォードは2019年に「フォード China 2・0」計画を発表し、今後3年で新車30モデル、NEV10モデルの投入やインテリジェント技術の開発などを通じて、中国市場での巻き返しを図る。

　中国で、地場メーカーを優先させるNEV補助金政策、罰則付きのNEV生産義務、頻繁に変更される部品政策などが実施されるなかで日米欧自動車メーカーは、市場参入の難しさを勘案すると地場メーカーとのEV合弁生産を選択せざるを得ないだろう。

　一方、中国における外資政策の緩和は、NEV市場への外資系参入を促進し、民族系メーカーが劣勢に立たされるリスクをはらんでいるものの、ガソリン車生産を中心とする他メーカーのNEVシフトを誘発する可能性もあり、政府が描く自動車強国戦略へ大きな一歩を踏み出したといえよう。特に有力なEVメーカーの中国進出に伴い世界一流水準の部品・部材の現地生産が見込まれ、それは民族系メーカーの技術向上にもつながると思われる。

ＥＶ覇権を狙うＶＷの野望

ＶＷは２０１6年にグループ経営戦略「ＴＯＧＥＴＨＥＲ ＳＴＲＡＴＥＧＹ ２０２５」および乗用車技術戦略「ＴＲＡＮＳＦＯＲＭ２０２５＋」を発表し、世界の次世代自動車市場での競争優位を構築しようとしている。

２０１９年4月、ＶＷのヘルベルト・ディースＣＥＯは、２０２８年までに世界全体でＥＶ生産を２２００万台とし、中国でのＥＶ生産を１１６０万台に引き上げると発表した。中国合弁子会社2社がＭＥＢプラットフォームを中心とするＥＶ工場の建設を進めており、同プラットフォームだけのＥＶ年産能力は２０２５年に１００万台に達すると見込まれる。ＪＡＣとの合弁企業には、セアトを投入し、よりコンパクトなＮＥＶを生産するプラットフォームの開発を進めている。

また、中国向け製品と将来的な技術の開発を強化するため、「ＯＮＥ Ｒ＆Ｄ」という新しい組織体制を設け、２０１９年にＮＥＶ14モデルを投入する。さらに充電の利便性を向上させるため、星星充電、第一汽車、ＪＡＣと提携し、家庭用充電器と、公共充電ネットワークを２０１９年末から展開し、ＶＷ中国の子会社である逸駕智能科技は、充電ステーションを探すためのコネクテッドサービスを提供する。

一方、中国の経済圏構想「一帯一路」のコア事業である「中欧班列（China Railway Express）」が２０１１年に開通したことが、ＶＷの中国生産を加速させている。現在、中国側が59都市、欧州側が15カ国49都市で、それらを相互に結ぶ貨物列車は、重慶―デュースブルク間、成都―ポーランド・ウッジ間、鄭州―ドイツ・ハンブルク間など、合計で51ルートに達している。「中欧班列」の利用は主要都市間の約1万キロメートルを2週間前後で結び、空運より低コスト、海運より早いというメリットがある。2018年、VWは傘下のアウディ、シュコダを含むエンジン部品の輸送を海運から中欧班列に切り替え、ボルボも中欧班列による完成車の輸送を始めた。
長年、中国市場を深耕してきたVWは、政策と市場の変化を見越して、NEVを含む長期的な市場優位性を維持しようとしている。今後、VWはプロモーション戦略として積極的にNEV技術を中国に導入し、スマートカー・自動運転車分野で競争優位を確立することも視野に入れている。

4 「ナマズ効果」が期待されるテスラの中国進出

中国の市場開放と米中摩擦が後押ししたテスラの進出

上海浦東空港の南40キロメートルに位置する臨港工業区の中には、東京ディズニーランドの1・6倍に相当する広大な敷地（86万平方メートル）がある。2019年1月8日、EVメーカー、米テスラのイーロン・マスクCEOが、ここで「ギガファクトリー3」と名付けられたEV工場の着工式を行った。中国における外資独資の自動車工場の第1号案件となったギガファクトリー3は、最大生産能力50万台を誇る巨大工場になる予定だ。2019年末から、一般市場を対象とした安価な「モデル3」と、低価格SUVの「モデルY」の生産を開始する。

イーロン・マスク（写真左）と汪洋副総理（同右）の会談

（出所）中国政府HP

テスラ上海工場の着工式（2019年1月）

テスラは中国でのＥＶ需要増を見据え、「モデルＳ」の輸入車販売を14年から開始した。すでに中国全土に急速充電設備を１１００台超、体験センターおよびサービスセンターを約60店舗設置している。中国における２０１８年の売上高は17・５億ドル（前年比15％減）と、同社全体の８％に過ぎなかった。販売台数に関していえば、２０１８年には１万４０２０台であり、中国ＮＥＶ市場におけるシェアは約２％にとどまっている。

これは、テスラ車の中国における価格が高いからだ。車体を米国から全量輸入し、高関税がかけられているのだから当然である。実際に、テスラは販売台数の80％を富裕層の多い上海、北京、深圳、杭州、広州の５大都市で売り上げており、中間層以下への拡販が進んでいない。

そこでイーロン・マスクＣＥＯは中国での現地生産に向け、２０１７年４月に中国の汪洋副総理と北京で会談。以降は上海市政府と交渉を進めてきた。当初、テスラの中国進出は困難を極めた。外資企業による中国現地での自動車生産を「合弁」でのみ認める政府の産業政策に対し、テスラがあくまで「独資」

にこだわったことが一因だ。

ところが2018年6月、中国政府が大胆な市場開放政策を打ち出し、NEV市場における外資の出資制限を撤廃したのだ。テスラにとっては、チャンス到来である。

一方で、ちょうど同じ頃、テスラの既存の中国ビジネスはさらなる難局に立たされた。米中貿易摩擦が激化した結果、中国政府が2018年7月に、米国製自動車に対する輸入関税を15%から40%に引き上げたからだ。テスラの輸入車も、追加関税の対象となってしまった。

これにより、もともと少なかった中国NEV市場におけるテスラのシェアはますます減少する。つまり、「ギガファクトリー3」の建設は、テスラの懸念を中国政府の譲歩が後押しする形で決定されたことだったといえる。

中国NEV業界への影響

テスラのEV現地生産が地場自動車メーカーの競争力低下を助長するのではないか、と懸念する声が少なくない。だが、万鋼は「テスラ進出のナマズ効果は大きい」と期待する。

ナマズ効果（Catfisheffect）とは、北欧で漁の網にかかったサーディン（イワシの一種）は弱く、すぐ死んでしまう。そこで、ナマズを一匹入れておくと、サーディンは緊張して泳ぎ続けるため、結果として、商品としての鮮度が保たれる。

すなわち既存の自動車メーカー（サーディン）とは全く異質のEVメーカー（ナマズ）を、あえて市場競争に加えることで、地場自動車メーカーの刺激となり、中国NEV業界全体の技術力向上が促進されるだろうということだ。ここでは特に、中国NEV業界に与えるポジティブなインパクトとして以下の2つを挙げたい。

1つ目は、中国のEVシフトを一気に加速させることだ。テスラがそのブランド力と技術力でガソリン車を中心とする中国自動車市場に風穴を開ければ、地場自動車メーカーに危機感が広がり、中国のEVシフトは一段と加速すると予想される。仮に「モデル3」の販売価格が今後500万円内に収まれば、地場ブランドの中高級EVや欧米系PHVと十分競い合える価格水準となる。またBYDなど地場大手NEVメーカーはテスラに劣らぬ水準のNEVの開発を迫られ、「中国のテスラ」を目指す新興EVメーカーはコネクテッドカーでテスラとの差別化を図っていくことになるだろう。

2つ目は、地場のNEVメーカーとその部品メーカーに「量」から「質」への転換を促すことだ。ひとたびテスラが上海をEVと電池の生産拠点にすれば、部品メーカーの上海周辺への進出が促され、中国におけるEVサプライチェーンの高度化やEV部品技術の向上が期待される。

地場大手電池メーカーの幹部によると、「モデル3」に部品を供給するサプライヤー約130社のうち、中国系一次サプライヤーは20社超、二次サプライヤー（材料系）は約50社ある。特にEVの性能を大きく左右する電池の需要が、関連素材・設備の国産化や地場電池産業の技術力向上を早めるものと考えられている。

地場NEVメーカーは補助金政策を追い風に中国NEV市場を寡占し続けてきた。テスラを含む外資系メーカーのNEV市場参入による競争激化を鑑みれば、NEVメーカーに淘汰の波が押

図表4-3　テスラの日系サプライヤー（一部）

企業名	供給製品	企業・グループ名	供給製品
パナソニック	電池セル	矢崎総業	ハーネス
住友金属鉱山	正極材	ジャパンディスプレイ	液晶パネル
日立化成	負極材	原田工業	アンテナ
三菱ケミカル	電解液	西川ゴム工業	シール材
住友化学	絶縁膜	日立金属グループ	電線材
AGC	ガラス	日清紡グループ	摩擦材

（出所）MarkLines、各種報道

図表4-4　テスラの中国地場サプライヤー（一部）

電池・駆動関連部品		車体部品	
企業名	**供給製品**	**企業名**	**供給製品**
信質電機	モーター	寧波華翔電子	内装品
旭昇科技	ギア部品	寧波拓普集団	NVH部品
三花智控	熱管理部品	天津汽車模具	金型
東山精密	放熱部品	中鼎集団	封装部品
安潔科技	膜材料	江南模塑科技	バンパー
寧波均勝電子	センサー	広東鴻図科技	車体部品

車載電子部品		部材（日系企業経由）	
企業名	**供給製品**	**企業名**	**供給製品**
浙江四維図新	地図	五鉱資本	レアアース
東風科技	メーター	先導智能	レアアース
長信科技	パネル部品	杉杉集団	レアアース
安潔科技	電子部品	中国宝安	石墨
浙江水晶光電	光学部品	天斉鋰業	リチウム
正海磁材	制御部品	長園集団	リチウム

（出所）各種報道

し寄せる可能性は高い。このように中国NEV業界を刺激するテスラの現地生産は、NEV製造技術の向上とNEV業界の再編の双方を求める中国政府の思惑と一致したものといえる。今後テスラは、世界最大のEV市場である中国でいかに安定した生産体制を早期に構築できるか、対応を迫られることになるだろう。

5 「中国のテスラ」を夢見る中国新興メーカー

クルマの未来を予感した中国大手IT企業のEV戦略

2013年末、中国スマートフォン大手の小米科技（シャオミ）の雷軍CEOは、クルマ広告事業の易車の創業者李斌から高級スマートカー事業の提案と融資の申し込みを受けたとき、「これは昨今よくあるIT企業による融資詐欺ではないか」と疑った。同年の中国新車販売台数は2198万台、そのうちEVはわずか1万4000台に過ぎなかった。それでもこの頃、EV生産を計画し雷軍CEOに出資を求めるIT企業は20社を下らなかった。このような無謀ともいえる事業計画の多くは「中国のテスラ」を夢見るベンチャー企業から持ち込まれていた。

しかしこのわずか数カ月後、中国ではEVを軽視する風潮に変化が現れていた。2014年4月22日、テスラのイーロン・マスクCEOは北京で初めて開催した納車式で8台の「モデルS」を披露した。イベント会場に現れた「モデルS」の購入者には、新浪、UC優視科技、汽車之家など中国IT企業のトップが並んだ。自動運転機能が備わったEV史上初の高級セダンは中国

図表4-5　中国の主要新興EVメーカーと製品・生産能力

（万台）

企業名	主な出資先	主力製品	生産	生産能力
NIO	テンセント等	中高級 SUV（ES8）	JAC汽車	20
小鵬汽車	アリババ等	SUV（G3）	海馬汽車	20
威馬汽車	バイドゥ等	低価格 SUV（EX5）	自社 （中順汽車買収）	40
天際汽車	上海電気	中高級 SUV（ME7）	東南汽車	18
奇点汽車	ファンド等	中高級 SUV（iS6）	北京汽車	20
FMC （BYTON）	中国一汽・ ファンド等	中高級 SUV（M-Byte）	自社 （一汽華利買収）	30
車和家	ファンド等	中高級SUV （理想ONE）	自社 （力帆汽車買収）	30
零跑汽車	ファンド等	スポーツカー （S01）	長城汽車	25

（出所）各社発表

IT業界の経営者に大きな衝撃を与えた。

その翌月、習近平国家主席は、「NEVシフトが中国自動車強国への唯一の道だ」と宣言し、中国政府は国策としてNEV産業の発展を推進し始めた。こうして中国ではNEVシフトという巨大なうねりが巻き起こり、多くのIT企業が「100年に一度」といわれるビジネスチャンスをつかむため、われ先にとスマートカー事業に参入することとなった。

2014年11月、李斌がテンセントの馬化騰、シャオミの雷軍、京東集団の劉強東、汽車之家の李想などIT業界の大物経営者6人から資金援助を受け、NIOを上海で設立した。同月、インターネット閲覧アプリを手がけるUC優視の創業者である何小鵬は、シャオミの雷軍や微博の王高飛CEOなどの投資家から出資を受け、中国大手自動車メーカー広州汽車のＥＶ開発責任者の夏珩と共同で小鵬汽車を設立、アリババや台湾の鴻海精密工業などからも４０００億円超の資金を集めスマートカーの開発を加速させている。

２０１５年1月、ボルボ・カー買収の総責任者として知られる沈暉は、大手民営自動車メーカー吉利汽車を離れ、バイドゥなどの出資により威馬汽車（WM Motor）を上海で創業した。

中国大手ＩＴ企業が相次いで新興ＥＶメーカーを青田買いするのを見て、市場のトレンドを察知した異業種の企業もＥＶ開発に乗り出した。２０１４年から２０１８年までの5年間に誕生した新興ＥＶメーカーは、車和家、奇点汽車、ＦＭＣ（Future Mobility Corporation）など一気に50社を超えた。

中国新興ＥＶメーカーの正体

「打倒テスラ」を目指すＮＩＯは、テンセントなどの出資者が持つインターネットやＡＩの技術を結集して高級スマートカーの開発を急ぐ。中国全土にサービス拠点１７０カ所を設置したほか、24時間出張充電サービス（年会費約18万円で月15回利用可能）や高速道路での電池交換により既存の自動車販売との差別化を図ろうとしている。さらに、クルマ購入の初期コストを抑えるＥＶ電池の分割払い制（計78回）や電池の劣化に対応する電池グレードアップサービスを導入し、消費者ニーズへの対応に工夫を凝らす。

ＮＩＯは２０１８年6月、アルミ製ボディの高級ＥＶ「ＥＳ８」（航続距離５００キロメートル）を発売。「モデルX」と比べて遜色のない短時間充電やセンスのよい内装に加え、「モデル

X」の半額（約740万円）という割安な価格を武器に中国高級EV市場でシェア拡大を図っている。筆者が最も驚いたのは、ダッシュボードの中央に設置する「NOMI」と呼ばれる世界初の対話式車載AIの機能だ。

「ES8」に乗車した筆者が中国語で「NOMI、ニーハオ！」と呼ぶと、「いるよ、元気！」と筆者に向かって答えてくる。「ES8」のAIにはモービルアイの画像処理チップ「EyeQ4」やアイフライテック（科大訊飛）の音声認識システムが採用され、オートパイロット機能は自動アップデートされる。2018年の「ES8」の販売台数は1万1348台となり、中国ではすでに「モデルX」の販売台数（9413台）を超えた。また、テスラの「モデル3」に対抗する量産車種第2号、「ES6」（販売価格約600万円）を2019年6月に投入した。2018年9月にはニューヨーク証券取引所に上場する。創業成功の喜びに満ちた李斌が「AIでクルマが生き物のように賢くなる」と語るスマートカーは、これまでにない異次元のクルマだ。

テスラが上海でEV工場の建設に着手したことにより、NIOは2019年1月、上海工場の建設中止を発表した。なぜなら、同一地域においては先行する企業のEV工場が稼働するまで他の企業のEV工場は建設を禁じる法律があるからだ。また、NIOの2018年の最終損益が営業費や研究開発費の増加により1600億円の赤字になったことも、同工場の建設計画が白紙に戻った一因であろう。

「中国のテスラ」になぞらえる小鵬汽車が2018年12月に発売した初の量産モデル「G3」（航続距離350キロメートル）の販売価格は、「モデルS」の4分の1程度（約350万円）でしかない。「G3」は25個のスマートセンサーを搭載している。ルーフの上に360度撮影できるカメラを設置し、クルマ周辺の画像を車内モニターでウォッチできる。外観は「モデルS」に似ており、宇宙船のようなコックピットには大型タッチパネルが並ぶ。

また、音声認識機能や自動駐車・停車、高速道路での車線の自動選択などを実現し、スマートな乗り心地を20代・30代の若年層にアピールする。小鵬汽車は2019年に大都市を中心に直営店70店舗を設立し、2020年には20分で80％の充電が可能な充電ステーションを1000カ所建設する計画だ。

現在、小鵬汽車では、元テスラのAutopilotチームのエンジニア谷俊麗、元クアルコム・テクノロジーズの自動運転開発責任者の呉新宇をはじめ、米国のシリコンバレーからスカウトされた中国人技術者らが同社のスマートカー開発を担っている。テスラが自動運転システムの不正盗用問題をめぐって最近提訴した元従業員の中国人エンジニア曹光植も、現在は小鵬汽車に移り自動運転視覚システムの専門家として中核的な存在となっている。その結果、同社EVの電池構造、内装、中央制御、コックピットなどは少なからずテスラのEVに類似している。

また、2018年には、米エヌビディア製チップを採用し、中国の運転事情に合わせたレベル3の自動運転技術の研究開発も行っている。2019年4月に開かれた上海モーターショーで、小鵬汽車が航続距離600キロメートルの新車種「P7」を大々的に打ち出した。「テスラのモデル3より自動駐車機能が優れた新しいスマートカー」と同社の夏珩総裁は自信満々に語った。

上記2社は、テスラから多大な衝撃を受けて事業をスタートさせており、テスラ車を超える車の開発に心血を注いでいる。実際、どちらも有望なクルマの市場投入に成功していて、洗練されたショールームを活用しながら顧客を着実に増やしている。

　一方、ＮＩＯや小鵬汽車から距離を置く威馬汽車は、同社がＥＶの価格破壊者となることで、ＥＶを「国民のスマートカー」として市場に浸透させる戦略を取る。また量産車の品質を維持するため、委託生産ではなく、地場ガソリン車メーカーのライセンスを買収し、新興ＥＶメーカーのなかでも数少ない自社工場を擁するメーカーだ。「高額なテスラではなく、コストパフォーマンスのよいスマートカーがＥＶ市場の主流になる」と見越した沈は、外観や機能に消費者ニーズを徹底的に反映させる製品開発を進めてきた。

　２０１８年９月に発売されたスマートカー「ＥＸ５」は販売価格約２００万円（補助金控除後）、航続距離４６０キロメートルと、価格と性能の両立にこだわっている。またバイドゥと共同で、２０２１年にレベル３の低価格自動運転車の量産を計画している。「10万台販売できなければ弊社の生存はない」と沈は自身を鼓舞する。

　スマホのようにＩＴを活用し、運転・駐車・娯楽などの機能を使いやすくしたスマートカーの出現は、大手自動車メーカーとも競い合えるのだという自信を新興ＥＶメーカーにつけさせた。現時点では、中国自動車業界にＩＴを駆使したスマートカー技術の蓄積が十分にあるとはいえない。しかし今後、スマートカーがさらに魅力的な価値を消費者に示すことができれば、新興ＥＶメーカーは大手自動車メーカーを一気に突き離すかもしれない。中国ＩＴ大手企業にしても、自社のインターネット技術とクルマが融合し、スマートカーが自動車市場のメインストリームにな

NIOのニューヨーク証券取引所上場日の李斌

威馬EX5のアポロ搭載をPRする沈暉

新型車P7を発表した何小鵬

小鵬汽車の量産車G3

NIOの量産車ES8

（出所）筆者撮影

ることを期待している。

新興ＥＶメーカーが直面する生産ライセンスの壁

中国政府は２０１６年３月、ＥＶメーカーの乱立を抑制するためにライセンス制度を導入した。しかしガソリン車関連事業から参入した15社にＥＶ生産ライセンスを発給した２０１８年５月以降は、発給を停止していた。そこでやむを得ずＮＩＯはＪＡＣに、小鵬汽車は海馬汽車の鄭州工場にそれぞれスマートカーを委託生産（生産先ブランドも使用）しながら、生産ライセンスの獲得を目指している。

一方、威馬汽車は既存ＥＶメーカーの買収により生産ライセンスを獲得した。現在はＩＴベンチャーを含む新興ＥＶメーカー数十社がファンドから資金調達するなどして懸命にＥＶを開発するも、新興ＥＶメーカーが生産ライセンスを獲得するめどは一向に立っていない。

ライセンスを獲得できないＥＶメーカーからの苦情を受け、中国工業情報省は２０１８年12月、「自動車メーカーおよび製品の参入規定」を発表し、生産能力を持つ自動車メーカーによる委託生産は可能となった。

また２０１９年1月に適用を開始した「自動車産業投資管理規定」では、「直近2年間のＥＶ乗用車販売台数３万台超、売上高30億人民元」をライセンス発給の条件とした。同政策の発表により、ライセンス獲得のめどが立った一部の新興ＥＶメーカーには一筋の光が差したといえよう。一方、新興ＥＶメーカーの多くはＥＶを量産できないままであり、こうしたメーカーにとっては厳しい状況が続き、部品サプライチェーンの整備やものづくり能力の向上といった課題が残されている。

中国政府は2019年に、「外資投資許可リスト」を発表し、EVの外資出資制限を撤廃した。脱エンジン車の方向に進む中国の自動車市場で、外資系を含む自動車メーカーがこぞってEV市場に参入することになれば、この先競争は一層激しさを増し、新興EVメーカーの淘汰は加速するものと思われる。今後どのようにしてライバル自動車メーカーに伍して高品質のスマートカーを開発し、また量産体制を構築していくか、中国新興EVメーカーは真価が問われている。

6 中国巨大自動車メーカー「チャイナビッグ1」の誕生

自動車市場の開放に迫られる大手国有自動車メーカー

BMWは2018年末、中国の合弁企業への出資比率を50%から75%に引き上げる計画を発表した。背景には、中国政府が外資自動車メーカーに対する出資比率規制の2022年の完全撤廃がある。BMWの事例を勘案すれば、今後も外資系自動車メーカーの出資比率引き上げの動きは勢いを増していくと予測される。こうした流れは、外資系自動車メーカーにとっては中国事業の自由度を高めるものと期待する声がある一方、地場自動車メーカーにとっては競争力を低下させるものだとして懸念する声も上がっている。

中国政府は国策でガソリン車の生産能力拡張を厳しく規制する一方、NEVシフトを推進することにより自動車産業の構造を転換させようとしているが、自動車市場の全面開放に伴い、地場自動車メーカーには外資系自動車メーカーとの厳しい競争が待ち受けている。

そして、中国における内燃機関車の販売禁止策が発表されれば、大手自動車メーカーは戦略転換を迫られ、新たな戦略の担い手として巨大な地場自動車メーカーが必要となる。

２０１５年に実現した中国鉄道車両メーカー２社（中国南車と中国北車）の経営統合は業界再編の好事例として知られているが、中国政府は同年に「国有企業改革の指導意見」を発表し、巨大国有企業グループの再編を一段と推進する方針を明らかにした。それによると、中央政府（国有資産監督管理委員会）は、政府の直接管理する大型国有企業１１６社のうち27社を２０１８年10月までに再編する対象企業に取り上げた。

一方、中国自動車業界では「ゾンビ企業」の淘汰が進んでいるにもかかわらず、２０１８年末時点の乗用車メーカーは99社あり、そのうち生産台数４万台以下のメーカーが43社もあった。企業乱立と生産能力の過剰は地場メーカーの成長の足かせとなっている。現在、地場ブランド車の多くが低価格車であるため、外資系ブランド車が市場シェアの約６割を占めている。

大手国有自動車メーカー3社に統合の兆し

中国の「自動車強国戦略」の重責を担う大手国有自動車グループ３社（中国一汽、東風汽車、長安汽車）による統合の早期実現に向けた試みは、２０１５年頃からすでに始まっていた。これは中央政府が主導する自動車業界再編のシグナルといえよう。

まずは、3社の経営トップの入れ替えだ。東風の董事長だった徐平は2015年、一汽の董事長の竺延風と入れ替わりで一汽の董事長に就任し、2017年8月には、長安（董事長は劉衛東）の親会社である「中国兵器装備集団」トップだった徐留平と入れ替わりでトップになった。その結果、竺延風は東風、徐留平は一汽の董事長となり、現在に至っている。3人とも中国自動車大手2社でトップを経験した。

また、2018年6月には中国鉄道車両メーカー2社の統合を成功させた奚国華が一汽の総経理に着任し、経営統合の早期実現を託されることになった。このように経営トップが入れ替わる最近の動きは3社統合を見据えた人事であると解釈できる。

2つ目の試みは、幅広い分野にわたる戦略提携だ。3社は2017年末にカーシェアリングなどニューエコノミー、物流・生産・調達を含むサプライチェーンの運営、次世代技術の開発、海外進出での包括的な戦略提携で合意した。特に次世代技術の開発については、2017年末に3社共同で「T3科技平台公司」を設立。NEVおよびスマートカー技術をベースとする次世代自動車のコア部品システム、モジュール、プラットフォームの開発などを通じ、次世代自動車産業で競争優位の立場を構築しようとしている。

上記3社の2018年の合計販売台数は約1000万台であり、トヨタ、VW、ルノー・日産連合に肩を並べる。3社統合が実現すれば、世界自動車市場の勢力図が塗り替わるだけではなく、その提携パートナーである日系の自動車メーカーや部品メーカーの中国事業にも大きな影響を与えるであろう。

図表4-6　大手国有自動車3社トップの入れ替え

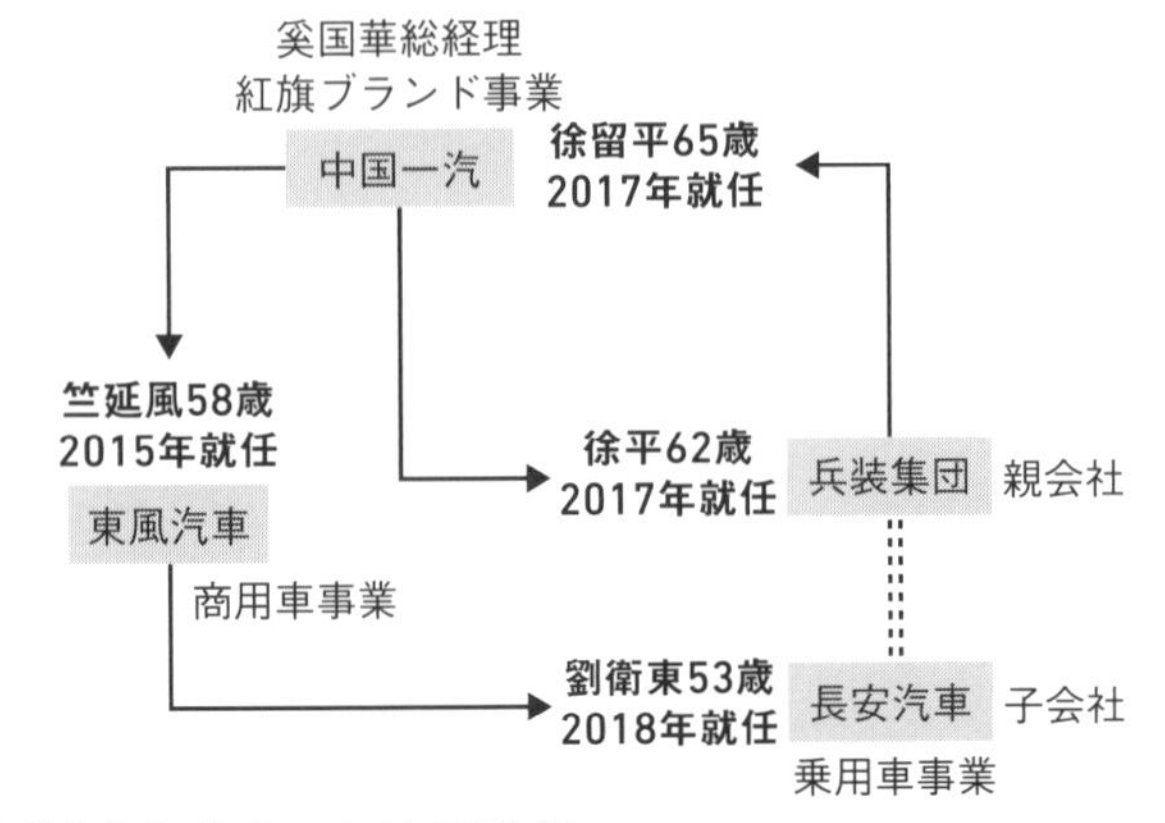

（出所）筆者作成（年齢は2019年7月時点）

大手国有自動車3社提携の調印式

（出所）長安汽車ホームページ

「チャイナビッグ1」は業界の勢力図を塗り替えるか

2018年から3社は、幅広い分野の提携を通じ、生産・調達、製造技術を含む企業競争力の向上を図ろうとしている。これまで3社は外資と合弁事業で乗用車メーカー11社を設立し、自主ブランド事業で合計12の乗用車ブランドを展開している。

中国メディアが報じたところでは、3社の統合作業は2022年までに完了する見込みだという。統合に向けた主な検討事項には、①自主ブランド車の絞り込み（2〜3ブランド）、②合弁事業部の設立による外資合弁企業の統一管理、③自主ブランド車の余剰生産能力の外資合弁企業へのシフト（委託加工あるいは事業売却）、④東風と長安がそれぞれ商用車事業と乗用車事業の統合を主導、⑤NEV分野の再編・モビリティサービスの強化などが挙げられている。

統合案の信憑性や実現のほどは別として、最近の3社トップの入れ替えや事業分野の提携などの経緯から、中国自動車市場の開放に加え、3社統合で出来上がる巨大地場自動車メーカーの重要性に対する認識が高まっている。この3社統合が実現すれば、日系自動車関連企業の中国事業に以下の3つの影響をもたらすと考えられる。

1つ目は、プラットフォームの共通化による部品調達の変化だ。現在、統合3社の傘下にある合弁企業や自主ブランド事業はそれぞれの部品調達ルートを利用している。例えばシート分野では、3社の子会社がトヨタ紡織、独レーア、米ジョンソンコントロールズとシート合弁メーカーを設立。変速機分野では、統合3社が合計8社の変速機子会社を抱える一方、アイシン・エィ・ダブリュ、独ZFフリードリヒハーフェン、独ゲトラグからも調達している。今後の3社統合に

中国一汽の本社ビル

（出所）筆者撮影

伴う部品調達部門の一元化を勘案すれば、既存の調達体制が調整される可能性もあり、部品供給をめぐるメーカー間の競争激化が予測される。

２つ目は、自主ブランドの立て直しによる新たな需要の掘り起こしだ。いかに各社の資源を集約し自主ブランド事業を早期に立て直すことができるかは、統合の１つの焦点となる。現在、統合３社は12の乗用車自主ブランドを展開しており、２０１８年の販売台数は合計１８４万台であった。しかし１ブランド当たりの平均販売台数は、ＶＷブランドの中国販売台数の５％に過ぎない。競争力の弱い自主ブランドの撤廃は喫緊の課題となる。

今後、長安は一汽の３ブランド（夏利、奔騰、吉林）や東風の４ブランド（風神、風光、風行、小康）を統合する見込みだ。だが一汽の紅旗ブランドは60年の歴史を擁する中国初の国産高級乗用車ブランドであり、押しも押されもせぬフラッグシップである。一汽は２０１８年１月、電動化を中心とする新紅旗ブランド戦略を打ち出し、販売台数を現在の３万台から２０２５年には30万台へ引き上げる。この戦略を推進するため

2018年10月、国内商業銀行から約16兆円の与信枠を獲得した。今後、ブランドの統合を経てプラットフォームを共通化すれば、設計、開発、生産体制を再構築する過程で新たな事業機会が生まれる。実際、一部の日系企業はすでに紅旗のブランド戦略に携わり、サプライチェーンの川上から参入しようとしている。

中国政府は2019年1月に「自動車産業投資管理規定」の適用を開始し、ガソリン車の新規参入を禁止するとともに既存の自動車メーカーに対してもその生産能力の拡張への規制を厳格化した。ただし同業他社の買収、グループ内における生産能力の配分は規制対象外だ。今後、3社傘下企業の余剰能力を活用できれば、日系自動車メーカーも生産能力の強化を実現しやすくなると考えられる。

自動車市場の開放にタイムリミットが設けられた今、中国政府が3社統合に舵を切るのは地場自動車メーカーが外資系メーカーにキャッチアップするためには必然であろう。3社統合が実現すれば従業員60万人超、売上高約25兆円の巨大自動車メーカーの誕生となる。それは経営効率を向上させ、スケールメリットを極大化させるだけではなく、国内の資本と資源を1社に集中させ巨大なモビリティサービスを提供する企業への変身を目指すものとなる。

第5章 電池をめぐる覇権争い

1 EVの未来を左右する電池開発

EV普及のカギとなる電池価格

2017年12月18日、トヨタが開催した電動化戦略説明会では、「電池を制する者が電動化を制する」と寺師茂樹副社長が語り、2030年までに電池開発に1兆5000億円を投資する方針を示した。2019年6月6日に開催した説明会では、寺師は「われわれも電池メーカーだ」と前置きした上で、他の電池メーカーと協業し、急速に拡大する電動車の需要に備えるとした。

再充電が可能で繰り返し使える電池を二次電池と呼ぶ。1859年、フランスのプランテは鉛蓄電池を発明し、99年にはスウェーデンのユングナーがニッケル・カドミウム電池を発明した。長い間、鉛蓄電池とニッケル・カドミウム電池が二次電池（以下、電池と略称）の主役を務めてきた。ところが１９９１年、吉野彰博士が開発したリチウムイオン二次電池が旭化成とソニーにより実用化され、電池のエネルギー密度が大幅に向上したことにより小型化・軽量化が実現した。

その後、反復充電による性能劣化もなくなり、電池はＥＶの駆動用電源として利用されるようになった。こうして、電池市場の需要は従来の主流であった民生用機器向けの小型電池から車載向けの大型電池にシフトしている。

ＥＶは車両を駆動する装置としてモーターを使用し、そのモーターを作動させるための電力は車両に搭載される車載電池によって供給される。２０１０年頃は２００キロメートルほどだったＥＶの航続距離は、現在５００キロメートルを超える水準にまで達した。ＥＶの性能を左右する車載電池の進化により、世界の電動化の潮流は大きく前進している。

電池生産はおおまかに、セル、モジュール、電池パックの３工程に分けられる。正極部品と負極部品の間にセパレーターという絶縁体を挟み、電解液を注液・封口するとセルが完成する。複数個のセル（１つひとつの単電池）により構成されるモジュールを数個つなげると電池パックが出来上がる。日産の新型リーフｅ＋の電池パックには、96セルを１つの塊としてまとめるモジュールが３つ並列接続し、計２８８セルがある。

セルは化学反応を利用する製品で、さまざまな環境要因が性能を左右する。これは自動車業界で蓄積してきた電気・機械工学の技術ではカバーできないものだ。加えて、同一性能を有するセルを量産するには極めて高い技術が必要であり、自動車メーカーがセルを開発・生産することは

図表5-1　主要電池メーカー4社の電池比較

	パナソニック	LG化学	CATL	サムスンSDI
搭載車種	Model3	Bolt	NIOES6	BMWi3
電池仕様	円筒型	ラミネート型	角型	角型
航続距離	590キロメートル	383キロメートル	510キロメートル	350キロメートル
正極	NCA	NCM622	NCM811	NCM111
電池コスト（米ドル）	111	148	151	153

（出所）各社発表、UBS銀行

難しいため、電池メーカーから電池を調達せざるを得ない。

セルは形状によって円筒型、角型、ラミネート型（パウチ）の3種類に分類される。パナソニックの円筒型セルを採用したテスラモデル3、韓国サムスンSDIの角型セルを採用したBMWi3、LG化学のラミネート型セルを採用したGMのBOLTなどが有名である。

コバルト比率を低減する電池の開発

EVの走行距離を伸ばすには電池の高容量化が必要なため、クルマの加速、高速走行、登坂性能などを左右する電池のエネルギー密度を上げなくてはならない。高性能を確保しつつ安全性と耐久性の向上、大幅なコストダウンの達成などの課題を克服することが、EV普及には欠かせないものだ。

しかし電池のコストダウンを妨げている要因の1つが、セル生産に用いられる希少金属の価格高騰である。原料となる主な希少金属はリチウム（Li）、ニッケル（Ni）、コバルト（Co）で、リチウムは塩湖水に用いた鹹水（かんすい）や鉱石から製造するものがある。また、ニッケル鉱石生産はかつて硫化鉱が半分を占めていたが、2000年以降は酸化鉱が増加した。その設備投資は高額であるものの、生産コストは比較的低い。

産出地が分散しているリチウムとニッケルに対し、コバルトは採掘量と使用量が他の金属に比べて少量であり、埋蔵量はコンゴ民主共和国に約半数が集中している。政情が不安な同国の資源ナショナリズム政策により、コバルト価格が2016年後半以降は高騰した。2030年に世界のNEV需要が3000万台規模に拡大するとすれば、2020年代半ばにコバルトが不足する可能性があると予測される。

将来のコバルト不足を想定し、メーカー各社はコバルト比率を低減させる電池の開発を目指している。なかでも従来のNCM622電極（配合がニッケル6：コバルト2：マンガン2）を進化させたもので、コバルト比率をさらに引き下げたNCM811電極（配合がニッケル8：コバルト1：マンガン1）の量産が注目される。

NCM811電極はエネルギー密度が高く、電池容量を既存電池に比べ最大30％増加させた。2018年、韓国SKイノベーションがNCM811電池を世界で初めて生産し、19年に起亜自動車のEVに供給する予定だ。同時に、韓国LG化学はコバルトの削減による性能低下を防ぐため、アルミを添加する正極材を開発し2022年までに量産する予定である。パナソニックは米テスラに供給中の円筒型電池では、コバルトの量を大幅に減らしニッケルで代用した。

こうなると、世界のニッケル需要全体に占める電池分野の割合は、2020年に6％程度であるが、25年には19％、30年には37％にまで伸びると予想される。

ニッケル系電池はコバルト系電池よりエネルギー密度が高いものの、発火の危険性が潜んでいる。よって電池各社は、コバルトを使用しない鉄系正極材でエネルギー密度の向上に努めつつ、全固体電池の開発にも力を入れている。電池の液体電解質の代わりに無機固体材料を用いる全固体電池は、液漏れが起こらず、セパレーターが不要となり部材コストの削減が見込まれる。

ただ、全固体電池、リチウム・硫黄などの次世代電池の量産は２０２５年以降となる見込みで、いずれも技術的に大きなブレークスルーがない限り、当面の間、次世代電池の大量採用は望めない状況にある。電池の性能向上と生産コスト低減を図ることは、電池メーカー各社の喫緊の課題であろう。

2　中国政府主導下の産業育成

外資を排除する「ホワイトリスト」

過去の自動車部品の技術開発の遅れを反省する中国政府は、ＥＶのコア部品である電池の重要性を意識し、研究開発補助金の投入や産業保護策の実施を通じて地場電池メーカーの育成を図ってきた。技術の障壁、製品の安全性および希少金属の調達などを考慮して、地場電池メーカーはリン酸鉄材料を中心とする電池の生産に乗り出した。

２０１３年以後、ＳＫイノベーション、ＬＧ化学、サムスンＳＤＩは、電池の需要増を見据え、相次いで中国で電池生産工場を立ち上げ、地場自動車メーカーに電池を供給し始めた。特に

LG化学は、電池セル単価を地場電池メーカーの半額程度にまで引き下げ、中国電池市場を席巻しようとしていた。

韓国メーカーの攻勢は、自国電池産業の育成に取り組む中国政府にとって大きな脅威となったため、中国工業情報省は2015年に「汽車動力蓄電池行業規範条件」を発表、政府認定メーカーの電池搭載をEV補助金の支給条件と規定した。そして2016年には「ホワイトリスト」と呼ばれる地場EV電池メーカー57社を公表した。中国政府は、在韓米軍の高高度防衛ミサイル（THAAD）配置に関する韓国政府への反発心を持ちつつ、韓国メーカーが中国にR＆D機能を持っていないこと、ならびに三元系電池の安全性に問題があること等を理由に韓国メーカーを「ホワイトリスト」から外した。

また2016年末に発表した「汽車動力電池行業規範条件（パブリックコメント）」では、セル生産能力8ギガワット時（2015年基準の40倍）が電池メーカーの新規参入条件として規定された。こうした厳しい生産条件の下では、当時の電池生産で世界第1位だったパナソニックでさえ、新規市場参入は容易ではなかった。

こうした中国政府の保護政策により、サムスンSDIとLG化学の中国工場の稼働率は一時10％程度にまで落ち込み、SKイノベーションは北京工場を閉鎖した。また地場EV部品メーカーの捷星新能源科技が出資した三洋能源は、EV補助金対象となる特殊用車やバスへの電池供給を実現させたものの、2019年7月時点で、乗用車市場への参入はできていない。

地場電池メーカー淘汰の荒波

中国EV市場の需要増を見据えた電池への先行投資競争の激化は、メーカー各社の「過剰生産」を引き起こした。電池メーカー各社が、基礎化学物質である炭酸リチウムや、主要材料であるコバルトやニッケルを、先を争って確保しようとしたため、価格の高騰を招いている。

これを受け、中国政府は2018年5月に「自動車産業投資管理規定（パブリックコメント）」を発表し、十分な研究開発能力と資金力を持ち合わせた電池メーカーに限って市場参入を認める方針を打ち出した。具体的には、電池の出力に直結する電池セルの密度と、システム全体として見たときの密度を、現行比で3割以上引き上げることを求めた。つまり、容量・エネルギー密度がより高い電池へのシフトを促すことで、これに対応できない電池メーカーの淘汰を図ろうとしているのである。

この再編の動きを加速させる外部要因もある。それは先進国メーカーとの「技術レベル」の格差だ。近年、地場電池メーカーの多くは、従来の「リン酸鉄電池」から、より性能が高い「三元系電池（NCM）」に生産をシフトさせた。

だが、先進国では、さらに容量・エネルギー密度の高い「ハイニッケル・三元系電池（NCM622等）」や「ニッケル系正極材電池（NCA）」が主流になっており、これらの電池生産では、パナソニックやLG化学など日韓メーカーが地場電池メーカーに大きく先行している。

このようななか、中国政府は電池メーカーに対し、「量」重視から「質」重視への政策転換を求めた。NEVの販売支援を目的とした補助金額は、2019年に前年比で大きく減額されるとともに、航続距離250キロメートル以上、電池密度160ワット時毎キログラム以上、電力消費効率2割向上など、補助金支給の技術条件も厳格化される。また、国の補助金基準と平仄を合わせて実施してきた地方政府の補助金制度も廃止され、その分の予算を充電インフラの整備に投入することが規定された。

リン酸鉄電池より航続距離の長いNCM電池を搭載すれば、多額なNEV補助金を獲得できるため、NEVメーカーの電池調達先は大手電池メーカーに集中し始めている。これに対して中国政府は、NEVメーカーが販売したNEV（個人購入を除く）の実走行2万キロメートルを補助金支給条件にするなど、補助金支給運営を一段と厳格化する動きを見せている。これは、NEVメーカーの補助金不正受取を防ぐためである。

このようにNEV補助金政策の見直しは、EVメーカーに先立ち電池メーカー再編を告げるものだ。NEV補助金の事後取得を理由に、電池メーカーの売掛金回収期間が引き延ばされる傾向もあり、一部の電池メーカーは研究開発費の投入や生産能力の強化ができず経営困難に陥っている。

実際、J&Rオプティマムエナジー（2017年に世界電池市場第4位）のように研究開発費の投入や生産能力の強化ができず、急速に経営困難に陥っているリン酸鉄電池メーカーが出てきている。中国の電池メーカーは、2016年の約150社から19年は約60社にまで減少すると推定され、その多くが多額の負債を抱え生産停止の危機にある。2019年6月時点で、大手電池

図表5-2　中国における電池メーカー数と粗利益率

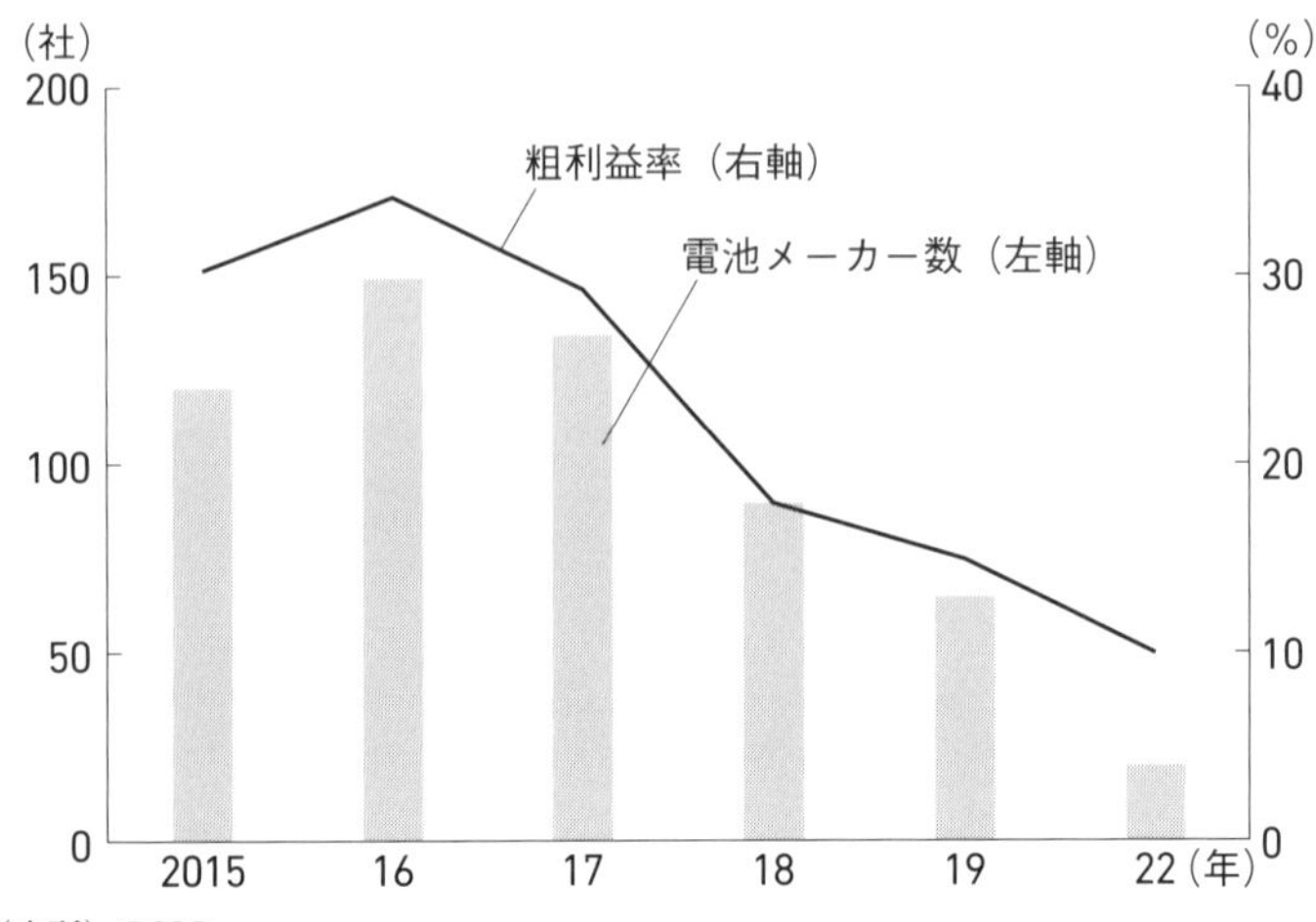

（出所）GGIC
（注）2019年以降は筆者推定

メーカーが80％以上の工場稼働率を維持しているのに対し、中国電池業界全体の稼働率は30％にとどまっている。

一方、上位企業のシェアは高まっており、２０１９年１月～８月の中国電池市場シェアを見ると、第１位のＣＡＴＬと第２位のＢＹＤの合算シェアは７割を超え、業界の寡占化が進んでいることが分かる。経営状況が悪化した弱小電池メーカーが倒産を回避できるとすれば、大手電池メーカーなどに吸収される以外に道はない。

大競争時代を迎える中国電池市場

地場電池メーカーの成長の裏には、外資系メーカーの参入を排除する中国政府の保護政策の存在がある。しかし、２０１８年５月末、中国自動車工業協会が発表した車載電池メーカーの「ホワイトリスト」の中についに韓国系メーカー3社が含まれたことから、業界の風向きは変わりつつあるとする見方が広がる。

この「ホワイトリスト」は政府のNEV補助金に対応するものではないものの、優良企業推薦の役割を持つと見られる。しかも、これまで外資系電池メーカーの参入障壁だった中国工業情報省の「ホワイトリスト」が、2019年6月に撤廃された。

また、中国政府が2017年から電池分野における外資系メーカーの独資での事業展開を容認し、2019年には電池産業を外資投資の奨励産業分類に格上げした。外資政策の大きな転換は、地場電池メーカーの競争力向上を促すことを意味するものだ。これを受け、韓国系メーカーは、中国市場での復活を期して生産体制の整備を急いでいる。

LG化学は2014年に江蘇省南京市電池工場を設立し、上海汽車やボルボに電池を供給していたが、中国政府の補助金政策等の影響を受け、電池生産が大きく減少した。そのため2017年に、南京工場の設備を地場自動車メーカーの吉利汽車に売却した。

しかし、2020年末をもってNEV補助金が撤廃されることを背景に、補助金対象外となっていたLG化学は中国における電池事業の投資を再開し、2023年までに計37・8億ドルを再投資すると発表した。2018年から、年産でEV50万台分に相当する新工場を南京に建設し始めた。

コバルト調達確保のため、LG化学は2018年に地場大手コバルトメーカーの浙江華友鈷業と共同で、正極材を生産する楽友新能源材料（無錫）および前駆体を生産する華金新能源材料（衢州）の2社を設立した。また、地場リチウム化合物大手の贛鋒鋰業と水酸化・炭酸リチウム

図表5-3　中国に展開する外資系電池メーカー

企業名	中国法人名	中国側出資先	設立年	所在地	電池生産能力	電池タイプ
SKイノベーション	北京電控愛思開科技	北京汽車等	2013	北京市	EV3.8万台分	角型
			2018	常州市	EV25万台分	ラミネート
LG化学	南京楽金化学	南京新工集団等	2014	南京市	EV5万台分※	ラミネート
			2018	南京市	EV50万台分	ラミネート
サムスンSDI	三星環新（西安）	安徽環新集團	2014	西安市	EV4万台分	角型
パナソニック	三洋能源（蘇州）	捷星新能源科技	2000	蘇州市	――	円筒18650
	大連松下汽車能源	大連遼無二電器	2016	大連市	EV20万台分	角型
AESC	遠景AESC（中国）	遠景科技集団	2018	無錫市	EV40万台分	ラミネート

（出所）公開資料
※吉利汽車に売却

の調達契約を締結し、２０２５年までの原料の安定調達体制を確保した。

　中国工業情報省が２０１９年４月に発表した認定車種リスト（第３１８回の製品公告）では、ＬＧ化学の電池は東風悦達起亜と東風ルノーへの納入を実現した。ＳＫイノベーションは、２０１８年に江蘇省常州市にＥＶ25万台分に相当する電池工場を建設し、２０２０年の量産に合わせて、海外初となる電池用セパレーター工場も建設し始めた。サムスンＳＤＩは中国天津工場と西安工場で電池ラインの増設を行っている。

　韓国勢より遅れて参入したパナソニックは、地場メーカーの大連遼無二電器と合弁で２０１５年に電池工場を立ち上げ、ＨＶ向けの電池を生産している。２０２０年には生産ラインを増やし、一汽トヨタや広汽トヨタのＰＨＶに電池を納入予定。また、２０２０年以降、パナソニック大連の工場はトヨタとパナソニックが共同で設立する新会社に移管し、幅広く自動車メーカーに製品を供給する方針だ。

再生可能エネルギー事業を手掛ける中国の遠景科技集団の傘下に入ったオートモーティブエナジーサプライ（ＡＥＳＣ）は、無錫にセル生産能力20ギガワット時の新工場を建設し、２０１９年末にＮＣＭ８１１電池を生産する予定。

今後、日韓電池メーカーが中国で販売を伸ばしていけば、地場電池メーカーの経営に大きな影響が及ぶ。各社は競争力強化のために合従連衡を必要とし、その結果、中国電池業界の再編は一段と加速すると見られる。

3 パナソニックを抜いた新星ＣＡＴＬ

ＡＴＬはＴＤＫの子会社

中国福建省寧徳市、創業後わずか7年でパナソニックを抜いて電池市場世界トップの座についた寧徳時代新能源（ＣＡＴＬ）は、中国ＥＶ業界で最も注目されている企業だ。〝ＣＡＴＬの奇跡〟と称される急成長の裏には、外資系メーカーの参入を排除する中国政府の保護政策「ホワイトリスト」があったものの、グローバルで集めた優秀な技術者、最先端の設備を用いる近代化工場、経営者による技術へのこだわりが、成長要因として挙げられる。

序章で紹介した曽毓群は１９９９年に香港でＡＴＬを設立し、米国から導入した電池技術によ

電池の形に建てられたCATL本社ビル

（出所）筆者撮影

り広東省東莞市で電池生産を始めた。2005年にTDKによって107億円で買収されたのを機に、TDKが開発したリチウムポリマー電池技術を活用し、電池品質の向上を果たした。米アップル向けにアイフォーン用電池の生産を請け負って実績を積み、2009年には車載電池事業部を立ち上げた。

当時、外資系電池企業の参入規制により、傘下のATLは中国で電池の生産をできなかった。そこで曽会長は、ATLの車載電池部門を独立させ、2011年にCATLを設立した。

主要事業は車載電池、蓄電システム（ESS）、電池リサイクルの3事業となり、売り上げの大半を占める車載電池事業ではバス・物流車向けのリン酸鉄系電池、乗用車向けの三元系電池の生産・販売を行っている。エネルギー密度ではEV乗用車で2018年に240ワット時毎キログラムを達成しており、20年には300ギガワット時毎キログラムを目標として、開発を推進する。セル価格は2020年に現状比3割安の100米ドル（ワット時毎キログラム当たり）に引き下げようとしている。

今後の技術開発は、２０２５年には、マンガン・ニッケルの酸化物にリチウムの酸化物を混合した正極材料と、シリコンとグラファイトの負極を組み合わせることで、電池のエネルギー密度を現在の１・６～１・７倍にまで向上させ、最終的に全固体電池へと進化させていく方針だ。

行列のできる電池メーカーの実力

２０１２年に開始した独ＢＭＷとの協業が、ＣＡＴＬのターニングポイントであった。ＢＭＷの中国仕様車に搭載する電池の共同開発を契機として、技術力とブランド力の向上を果たし、２０１８年には独ダイムラーとＶＷへの電池の供給が決定した。

また欧米系メーカーより数段厳しい採用基準を持つ日本の自動車メーカーに対しても、過酷な条件での限界試験の継続実施による品質向上に注力しつつ、常に安全性を第一に、電池を設計・開発していることのＰＲを強力に行った。その結果、ＣＡＴＬは中国において東風日産以外、広汽トヨタ、広汽三菱への電池供給を果たし、ホンダやトヨタとは戦略的提携も結んだ。

さらにＣＡＴＬは、完成車メーカーとの合弁会社設立を通じて納入先確保と生産能力増強を同時に進めている。２０１９年７月時点で、上海汽車、広州汽車、中国一汽、吉利汽車、東風汽車の中国自動車主要５グループとそれぞれ合弁会社を設立し、車載電池の開発・生産を行っている。

国内工場建設に加え、２０１９年にはドイツ・チューリンゲン州で同社初の海外工場建設を開始した。BMW、ダイムラー、PSAグループ等の欧州メーカーに電池を供給する同工場は2026年までに100ギガワット時の生産能力を整備し、グローバル市場における供給体制構築を目指す。

日本には2018年5月、横浜市に日本法人（CATJ）を設立した。初代社長の多田直純（現在ZFジャパン社長）は、欧州系大手自動車部品メーカーで経験を積んだ人物であった。彼は、CATLの中国本社で面接を受けたとき、曽会長をはじめとする経営者の決断力とビジネス展開のスピード、国内外から一流の教育を受けた優秀人材が小さな町で必死に努力する姿勢、若者の自信と熱気に圧倒され、その凄まじさと今後の潜在力を実感し、入社を決めたと語っている。

現在、CATLは、外資系を含む自動車メーカー30社以上に電池を供給している。中国工業情報省が認定したNEV補助金対象車種3300車種のうち、CATLの電池を搭載した車種が全体の約3割を占める。今やCATL電池を搭載すること自体が、EVメーカーのセールスポイントの1つとなっている。

実際、CATLは、生産ラインが24時間稼働しているにもかかわらず、受注に対応しきれない状況となっている。「CATLとのリレーションが薄ければ、電池をなかなか買えない」という地場新興EVメーカー経営者の溜息交じりのつぶやきから、CATLの好調さがうかがえる。

底力は技術へのこだわりと人材の質の高さ

ＣＡＴＬは、製造（セル・モジュール・パック）、リサイクル、研究開発を一貫して行い、製造工程はフレキシブルで完全自動化されている。また、ビッグデータを活用した生産管理に取り組んでおり、生産データのトレーサビリティー（追跡可能性）は最大15年対応している。

本社には工場が４つあり、生産能力は27ギガワット時で、ＥＶ40万台分の電池を供給できる。白を基調とした工場には独クーカなどの世界最先端の設備を配置し、セルの工程では40メートルのラインをほぼ11人で運営管理している。また、生産ラインは、セルの加工速度が２０１８年に毎分20個に達し、13年の５倍となった。このような生産効率の向上に伴い、ライン１本当たりの従業員数は２０１２年の１５０人から19年には30人にまで減少している。

その品質向上を支えるのは、人材の質の高さである。曽会長自身が物理学博士号を持つ技術者であり、業界トップレベルの研究開発体制を構築しようとしている。海外で活躍する超一流の技術者を高待遇で中国に迎え入れる政府の「千人計画」を活用しながら、優秀な人材を獲得している。最高技術責任者（ＣＴＯ）のロバート・ガリエンは、ＧＭやデルファイを渡り歩いた米国の電池研究の権威であり、ＣＡＴＬ技術開発トップの梁成都副総裁は米国のオークリッジ国立研究所の研究員を経験した電池材料の専門家だ。

また、ＣＡＴＬはボッシュやコンチネンタル、仏ヴァレオなど世界の部品大手から技術者を大量にスカウトして、他社に差をつけ経営の足場を固めた。２０１８年末時点で、研究開発人員は４２１７名、従業員全体の３割を占めている。国内で保有する特許（発明特許、実用新案、意匠

CATLの本社工場

（出所）CATL提供

権）は、１６１８件に上る。

ＣＡＴＬ本社施設、工場・研究センター、社員寮・マンション、ホテルが一体化されたＣＡＴＬ村（城下町）では、海外から帰国した技術者を含む修士号取得者約１０００名、博士号取得者約１２０名が必死に日々働いている。筆者が取材した黄（28歳）は、ニューヨーク大学大学院修了後、故郷に近い大手自動車メーカーからのオファーを断り、２０１６年からＣＡＴＬ本社に勤めている。

現在、中国の新興企業の間では、「９９６」という当たり前の働き方が国内のマスコミに取り上げられている。この3桁の数字は、朝9時から夜9時まで働き、それを週6日行うというもの。黄は「９９６」より多く働いているようだ。「地場自動車メーカーで努力しても、その会社は世界一になりにくいが、ＣＡＴＬならできる」と熱く語った。夢を見ている黄の話からＣＡＴＬに集う多くの若者の価値観がうかがえる。こうした覚悟や熱い想いを持つ大勢の社員の存在が、ＣＡＴＬの成長を支えている。

この数年間で電池産業は、製造技術の急速な進歩に伴い、

CATLのセル製造現場

（出所）CATL提供

CATL本社、曽会長（写真左）を訪ねた

（出所）筆者撮影

液晶パネルと同様に巨大な設備投資を必要とする装置産業となっている。豊富な資金を持つ中国企業が政府の政策支援を受け、生産能力を急拡大し、技術優位にあった日韓企業を凌駕する勢いを見せた。一方、スイスの金融大手ＵＢＳのレポートが中国電池業界に大きな波紋を広げた。ＣＡＴＬ（ワット時毎キログラム当たり１５０米ドル）が、生産コストの面でパナソニックより３割高いといった調査報告だ。これは、グローバル市場においては特に、中国企業は引き続きキャッチアップする必要があることを物語る。

ＣＡＴＬの曽会長とは数回雑談する機会があったが、巨大電池メーカーの経営者という堅苦しさはなく、明るさと謙虚さを感じさせる人物だった。最近、曽会長が「台風で舞い上がる豚が本当に飛べるか」を題目とするメッセージを社員に投げかけた。台風とは補助金などの政府支援を指し、豚とは技術力の低い中国の電池メーカーを指す。中国政府の政

図表5-4　CATLの主要部材調達先

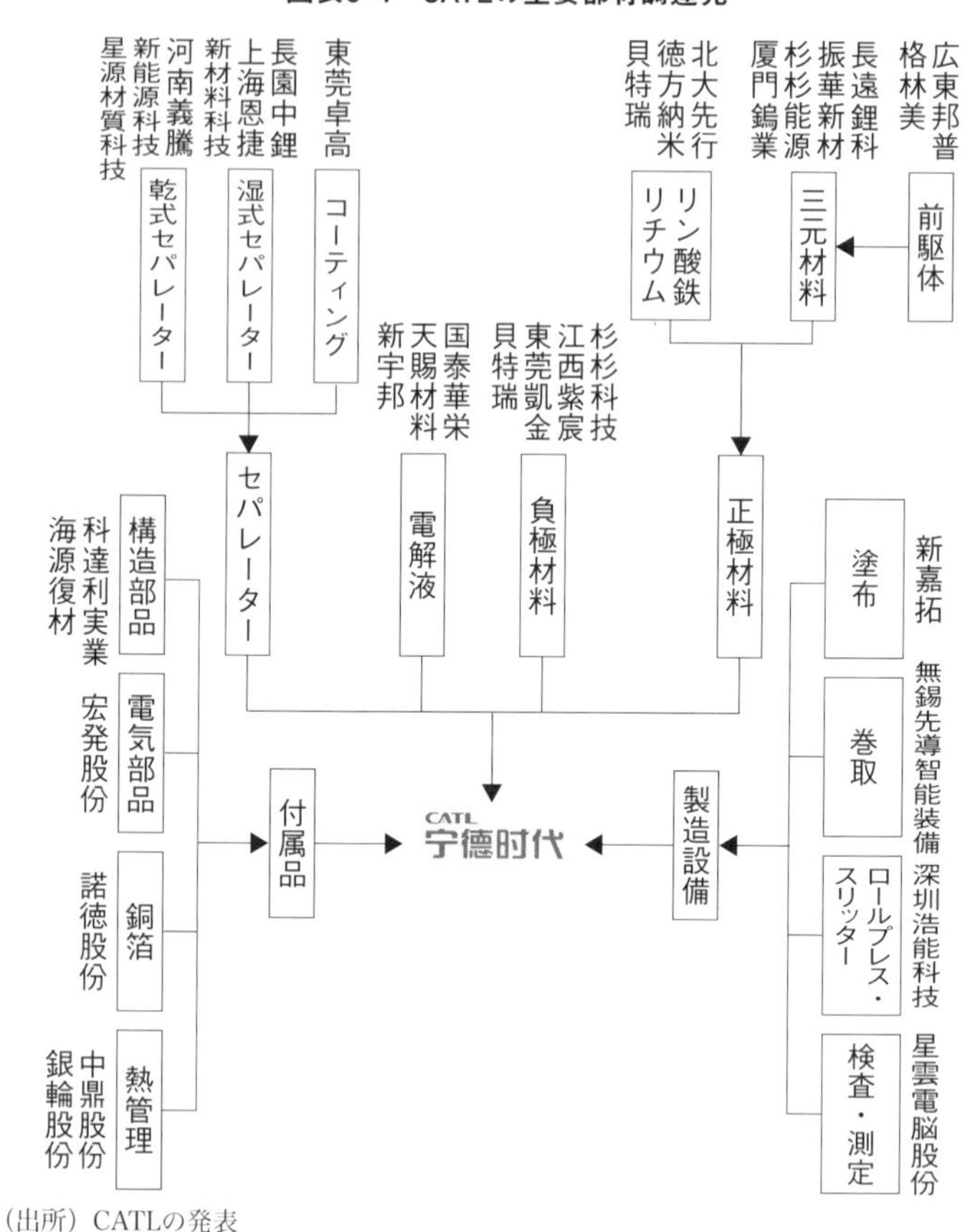

（出所）CATLの発表

策のおかげで成長してきたＣＡＴＬはこれまでの成長を自慢することなく、これから差し迫る危機および技術力のさらなる向上が必要であることを強調した。

２０２０年以降に補助金がなくなれば、ＣＡＴＬは政府支援を失い、真っ正面からパナソニックやＬＧ化学といった有力外資に向き合わざるを得なくなる。そのときに本当に世界市場で勝てるグローバル企業になっていられるのか、今まさにＣＡＴＬの実力が試されている。

4　中国製電池が世界市場を席巻する日

4大部材の国産化

世界的な電動化の潮流の下、車載電池の需要は今後も増加し続け、２０３０年の世界の電池市場規模は２０１７年の５・６倍の10兆円を超え、そのなかで中国のシェアは45％に達すると予測される（富士経済の調べ）。

電池セルの生産コストの構成を見ると、正極材33％、セパレーター12％、電解液８％、負極材７％、減価償却18％、框体・蓋13％、人件費４％、その他材料５％となっている。なかでも正極材、負極材、セパレーター、電解液が電池の主要４部材として挙げられる。

中国は、ＷＴＯ加盟後（２００１年）、正極材、負極材、電解液の生産を次々とスタートさせ、２００６年にはセパレーターの国産化も実現した。

利益率が高いセパレーターの役割は、微細な穴によって正極・負極間のイオン伝導性を確保しつつ、電池間で異常発熱した際に電流を遮断することだ。電池の性能や安全性を左右する主要材料なだけに、品質の信頼性の高い日本製および韓国製が強い。一方で中国製は、品質面より低価格を武器として生産能力を拡大している。

負極材料では現在、炭素材料である天然黒鉛および人造黒鉛が中心となっているなか、ＬＴＯ（チタン酸リチウム）やＳｉ系の負極材の開発も注目されている。価格と性能のバランスを勘案すれば黒鉛が大部分を占め、エネルギー容量に優位な人造黒鉛の需要が拡大している。

人造黒鉛の原料であるニードルコークスは、負極材以外に電炉鋼生産時に使用される黒鉛電極が主な用途である。中国が世界トップの鉄鋼生産量と豊富な天然黒鉛を有するなか、地場メーカーの世界シェアは２０１８年には70％に達した。大手部材メーカーの杉杉集団は内モンゴルで年産10万トンの負極材工場を建設し、２０２０年には生産能力が18万トンとなる。現在世界トップの日立化成の約２倍となる見通しだ。

電解液は電池における正極・負極間のイオンの行き来を促す機能があり、有機溶媒に電解質、添加剤を混合して生産する。ただ、安全性を左右するセパレーターに比べて技術的な差別化は難しく、かつ企業参入のハードルも低い。また、電解液は危険物であり時間とともに劣化する特性もある。地産地消が前提で中国メーカーは生産能力を引き上げているため、現在、世界シェアの70％を占めている。

正極材は、航続距離を伸ばすなど電池の高容量化に寄与する部材だ。電池コストに占める割合が高い半面、正極材はコバルト、ニッケル、リチウムなどの希少金属コストが大半を占め、セパ

図表5-5　電池4大部材の世界シェア

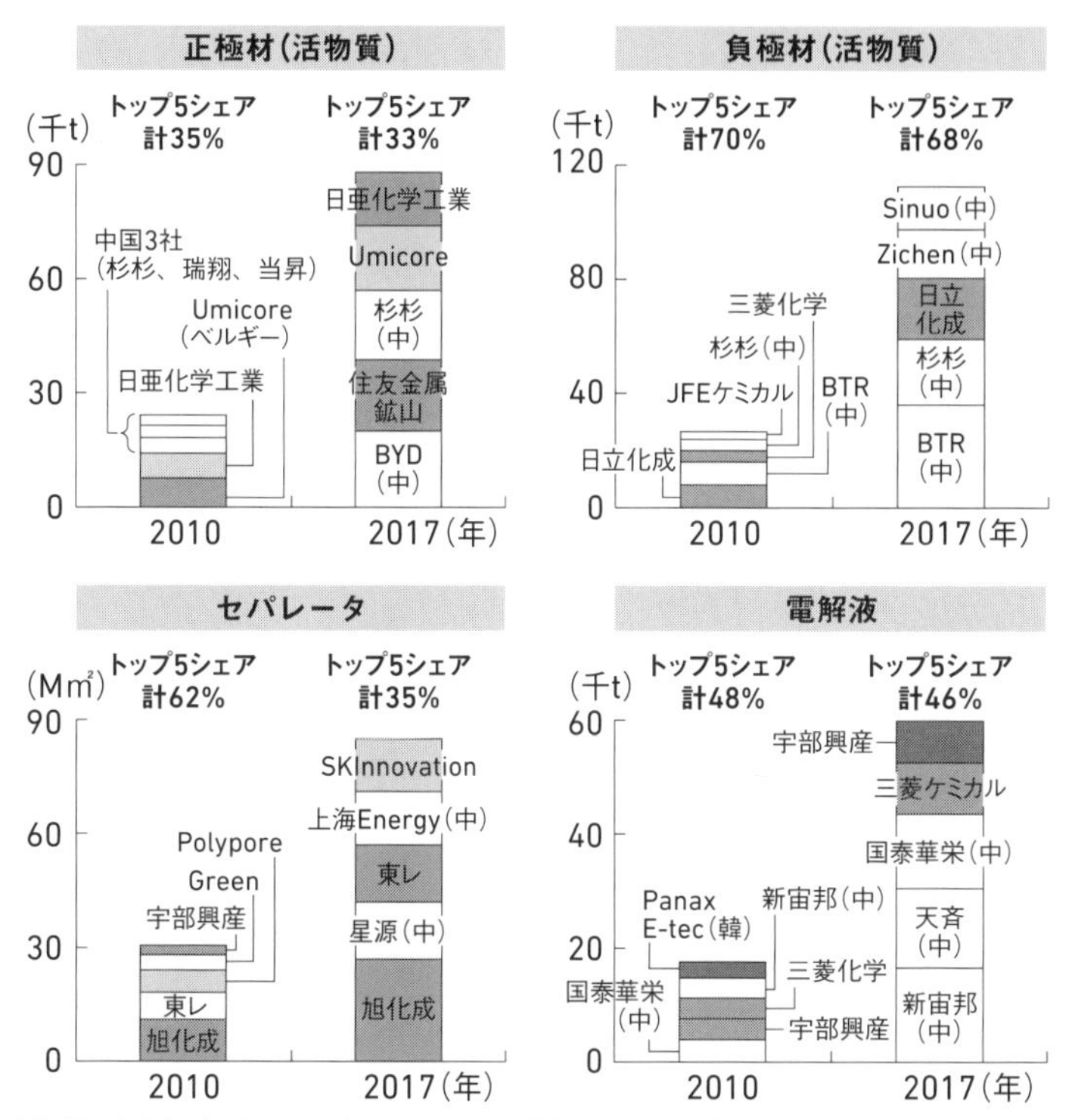

（出所）富士経済『エネルギー・大型二次電池・材料の将来展望 2017 エネルギーデバイス編』より筆者作成

図表5-6　コバルト主要生産国の世界シェア（%、2015年）

鉱石ベース		精錬ベース	
国	シェア	国	シェア
コンゴ	48	中国	50
中国	6	フィンランド	6
カナダ	5	ベルギー	6
ロシア	5	カナダ	6
オーストラリア	4	ノルウェー	3
その他	32	その他	29

（出所）米地質調査部（USGS）、Cobalt Development Institute

レーターと比べて収益性が低い。

電池市場の成長に牽引され、主要材料であるコバルトやニッケルの需要も急速に増加しており、電池メーカー各社はこぞって原料調達先の確保を急いでいる。

現在、コバルトの世界生産量の過半を占めるコンゴのコバルト輸出量の7割近くが、中国向けである。中国の地場資源開発メーカーがコバルト鉱石を中国で精錬し、電池メーカーに供給している。2018年には、世界のコバルト需要の半分が中国で精製された。

CATLにコバルトを供給する格林美（GEM）が2018年、コバルト鉱石生産で世界第1位のグレンコアと3年間の調達契約を結んだ。コバルト鉱石の調達量は5万トンを超え、2017年の世界生産量の約半分に相当する規模となった。モリブデン（Mo）生産の中国最大手の洛陽欒川鉬業集団は2016年、米フリーポート・マクモラン・カッパー・アンド・ゴールドからコンゴの鉱山権益を取得し世界第2位に躍進した。現在中国は、コバルト鉱山の生産量の権益でも世界全体の3割を獲得している。

またニッケルの原料である硫酸ニッケルの生産能力を見ると、中国は２０１７年に約35万トンと世界全体の6割超を占めた。金川集団国際資源や格林美など大手地場メーカーがさらに能力を拡大することにより、２０１９年には54万トンに達すると見込まれている。

電池の基礎化学物質である炭酸リチウムの生産量でも、中国は世界トップである。２０１９年、リチウム生産世界第2位のＳＱＭを買収した天斉鋰業はＳＫイノベーションにリチウムを供給し、テスラ、ＢＭＷ、ＬＧ化学などの納入先を確保した江西贛鋒はＶＷと10年間のリチウム供給契約を結んだ。上記の地場トップ2社は、豪リチウム鉱山の買収によりリチウム生産能力を強化し、２０２０年には世界シェア約３割に達すると予測されている。

２０１７年末時点、上記４大部材の国産化率はすでに90%を超えた（セパレーター90%、正極材92%、負極材98%、電解液１００%）。生産量では、セパレーターを除くと、その他３部材はいずれも全世界生産量の半分を超えている。

このように中国企業が川上の希少金属から川下の電池パックの生産まで注力することにより、中国国内のＥＶ生産に係るサプライチェーンは、日米欧自動車メーカーに大きな影響を与える。

中国地場電池メーカーとＥＶメーカーの供給関係

電池は発煙発火や感電といった重大な問題を起こす可能性がある。その安全性を確保するために、電池パック（セル）を制御する電池管理システム（ＢＭＳ）が重要となり、車両スペックに応じて個別の設計技術が必要となる。このため、ＥＶメーカーが自社ＥＶの性能に合わせて、電池制御システムを設計・開発することが多い。

一方、EVでは複数の同一寸法形状、特性を持つセルを使用することから、電池メーカーはセルの量産規模拡大による原価低減が可能になる。例えばテスラのモデル3は、パナソニック製のセル約4000個で構成された。したがって、電池メーカーがセルの生産に特化し、自動車メーカーが電池パックと電池制御システムの開発・生産に特化するのが一般的である。このような生産における分業関係は、従来のサプライヤーシステムでは見られない関係である。

日本の電池メーカーは自動車メーカーと強い関係を構築し、セルや電池システムの共同開発を行う。この方式は、従来のサプライヤーシステムと同様な「ケイレツ」関係で捉えることができる。多くの供給先を確保し生産規模を拡大した韓国の電池メーカーは、セルの低価格化を進めながら、正極材やセパレーターなどの主要部材を内製し、セルの低コスト化を図る。

一方、中国では、電池メーカーがセルのみを提供し、電池パックの作り込みは自動車メーカーが担うケースが多い。複数のEVメーカーと合弁企業を設立し、水平型分業戦略を採用したCATLは、日本の電池メーカーに類似する戦略を実施している。CATLにとっては、各社のEV性能に基づき、より高性能の電池を幅広く供給することが安定的な取引関係の構築につながるというものだ。

それに対し、電池生産から事業を開始したBYDは、主に自社ブランドのEVにセルを供給する垂直統合型戦略を採用した。セルから電池パック、BMS、車両を内製化することにより、低コスト生産を実現したのだ。川上の部材生産を行う国軒高科や孚能科技は、韓国の電池メーカーと同様の戦略を展開している。

中国製電池が世界市場を席巻する

中国政府が力強くEVシフトを推進するなか、電池業界にも追い風が吹き、中国の電池の出荷量は、2014年に6ギガワット時、2018年には57ギガワット時に達し、4年連続で世界首位となっている。EVの旺盛な国内需要が、地場電池メーカーを電池出荷量で世界トップに押し上げた。中国の電池市場調査会社GGIIによると、2018年はCATL、BYDなど6社がトップ10にランクインした。

さらにCATLは事業拡大意欲も凄まじい。2018年末、生産能力の増強を目的に総額約1兆8000億円規模の資金調達計画を発表している。中国国内で電池生産能力は2020年に54ギガワット時に達する見込みであり、これはパナソニックの米ネバダ州「ギガファクトリー」の1・5倍の規模となる。海外ではドイツ工場が2026年までに100ギガワット時の生産能力を整備する予定だ。

他方、BYDは青海省に生産能力24ギガワット時の電池工場を建設し、建設計画のある重慶工場や西安工場も加えると、2021年には生産能力でCATLを抜き60ギガワット時となる。

米電池メーカーA123 Systemsを買収した地場自動車部品大手の万向集団は、2019年に約1兆2000億円を投じて、杭州で生産能力80ギガワット時の電池工場の建設を開始した。中国でルノー・日産からEV電池の受注を受けたスマホ電池メーカーの Sunwoda Electric Vehicle

図表5-7　2018年世界電池市場トップ10

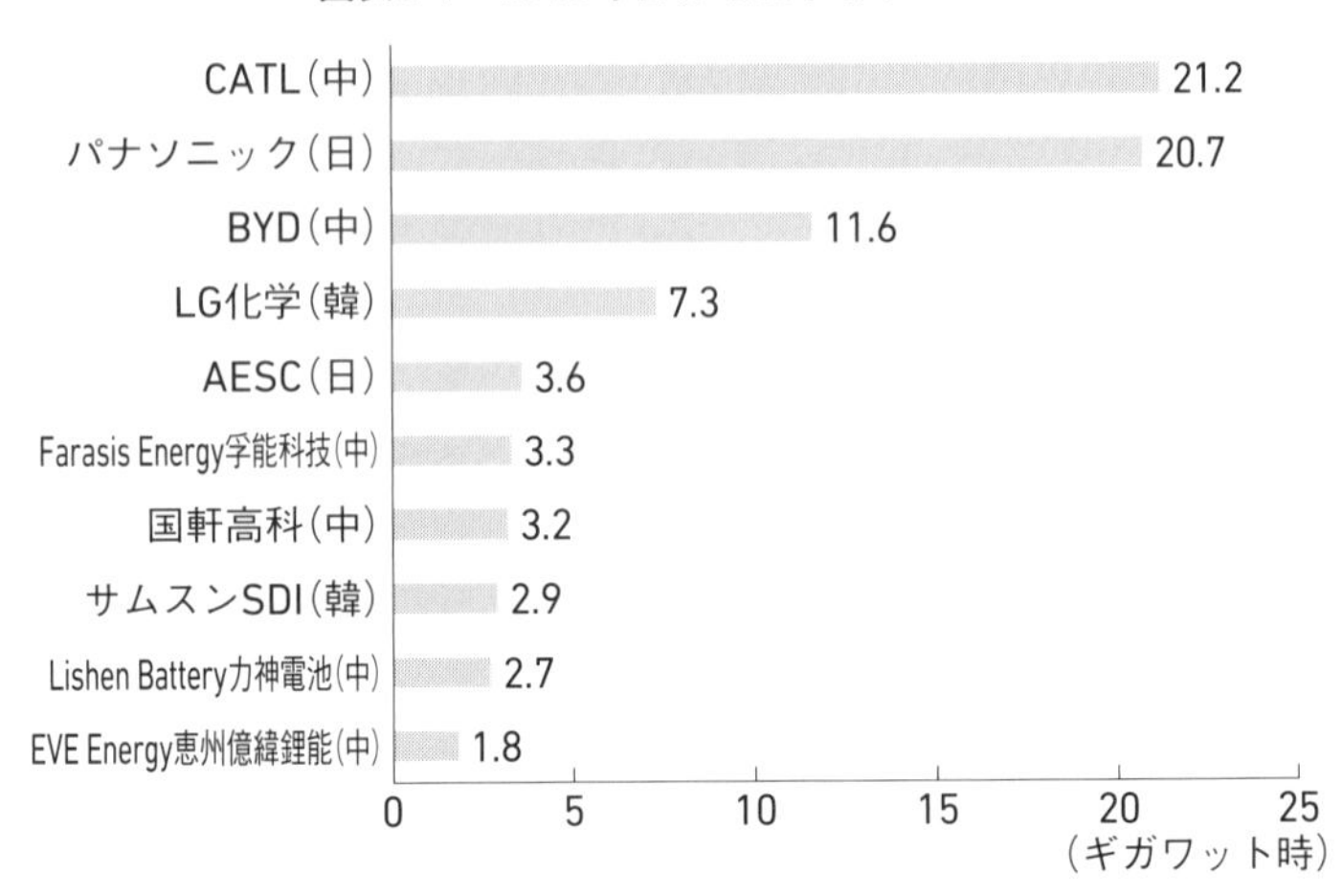

（出所）GGIC発表

Battery も南京で生産能力30ギガワット時の電池工場を建設している。

主要メーカーの投資計画をまとめると、2022年の中国の電池生産能力は250ギガワット時に達し、世界電池市場需要の7割を占めると見込まれる。

中国NEV市場の拡大および産業保護策が地場電池メーカー成長のプル要因となれば、「世界の工場」としての産業集積や外資系競合他社の電池事業撤退が地場メーカー成長のプッシュ要因となるだろう。中国ではすでに、エレクトロニクス、素材、機械設備など多様な産業集積が形成され、設備、部品、金型、および必要な部材加工技術はほぼ揃っている。希少金属資源の保有に加え、電池部材の国産化が進められた結果、現地で電池産業のサプライチェーンが形成されると同時に低コストで部品・部材の調達ができるようになった。

中国企業による電池量産に伴う多額の投資、原材料確保および価格競争などが、日米欧企業の電池事業の足かせになる。日産はNECとの電池事業を中国企業に売却し、ボッシュも電池セルの自社生産を断念した。また、テスラはパナソニックと電池を共同生産しながら自社資源を電池管理システムの開発に投入する戦略を取り、トヨタはパナソニックと電池事業で提携しながら、次世代の全固体電池の開発に力を注いでいる。VWとダイムラーを除くと、外資自動車メーカーの電池生産離れが、中国地場メーカーにとっては好機となり、生産能力の強化に取り組んでいる。

このような状況下、中国政府は2017年3月に「動力電池産業発展促進行動方案」を公布し、政策支援や産官学連携を通じて、電池産業の底上げを図ろうとしている。

同案では、2020年に中国の電池生産能力が100ギガワット時を超え、大手メーカーの生産能力が40ギガワット時に達する。それと同時に品質と性能の向上を進め、単体密度を現在の200ワット時毎キログラムから2025年には500ワット時毎キログラムに引き上げる。

こうして量と質の両面で電池産業の発展を推進する中国が「世界の電池工場」を目指し、スケールメリットで他国を一段と圧倒する。

また、全固体電池については、リチウムイオン電池の現行製造工程を活用できれば、生産規模が大きい電池メーカーにとっては有利であろう。ただ、全固体電池の需要増加によるコストダウンが実現できなければ、普及の実現は難しいだろう。しかしながら、2030年頃、年間EVの需要が1000万台超と見込まれている中国は、全固体電池が普及する最も相応しいマーケットであろう。

ただし、次世代電池である全固体電池の量産にかかわるタイムスケジュールが明確になっていない状況下、2025年前後はリチウムイオン電池が依然として主流であり続けると考えられる。中国では産業政策に翻弄される外資系メーカーは、電池の生産能力とコスト面において地場メーカーに追随し難い状況となるだろう。

中国の電池政策は毎年のように細かく見直されているものの、その政策に一貫性がないとの指摘も多かった。ダイナミックな変化に富む中国市場は政府の舵取りを難しくさせていて、結果的には場当たり的な政策変更に留まっているケースが多い。これまで太陽電池や液晶パネルなどの装置産業を国策として育成してきたが、いずれも過剰な生産能力が需給バランスを崩壊させ、企業の「多産多死」を招いた。

企業の「多産多死」は、中国の産業育成におけるおなじみのパターンである。企業乱立状態の様相を呈したら、政府主導で産業再編が進み、苦境にあえぐ企業が増える。結局、環境変化に対応できる企業、すなわち、真に強い企業が生き残る。一方、装置産業の特徴を勘案すれば、今後、地場大手電池メーカーが低コストと圧倒的生産能力を武器とし、世界電池市場で大きなシェアを獲得し、中国は「世界の電池生産工場」に成長すると思われる。

第6章 中国製自動運転車の脅威

1 中国が実現する自動運転車

自動運転のカギとなるＡＩ

あなたがクルマに乗って「どこか近所の四川料理店に行きたい」とダッシュボードに向かって話しかけると、運転席の前方に設置された大型タッチパネルに数軒のレストランがリストアップされる。と同時に「どのレストランにしますか」と音声で尋ねてくる。そして「１番目のレストランに行く」と伝えると、カーナビが起動し、音声案内でそのレストランまで誘導してくれる。

カーナビに音声認識機能を備えたＡＩが内蔵されており、操作は話しかけるだけで済む。これはスマートカー機能のほんの一例に過ぎないが、ＡＩを応用した製造業で自動車強国を目指す中国の国家戦略の一端といえよう。

ＡＩとは言語の理解や問題解決などの知的行動を人間に代わってコンピューターに行わせる技術であり、自動車の自動運転、工場の連続稼働や物流の最適化、災害対策やまちづくりなどあらゆる産業分野で活用される。卑近な例を挙げると、中国のトップ棋士に勝ったことで名を馳せた「アルファ碁」も、グーグルが開発したＡＩだ。

中国の製造業はその生産額において２００８年に米国を抜き、以来、世界トップを維持するものの、中国の製造設備、生産技術およびハイエンド製品が先進国に追いつくまでの道のりは依然として遠い。

一方、中国では２０１０年頃からＡＩ関連技術が注目され、地場家電・ＩＴ企業がＩｏＴの研究に着手し始めた。「中国製造２０２５」では、「インターネットプラス、ビッグデータ」を中心とする関連政策が取り上げられた。「中国ＡＩ発展報告（２０１８）」によれば、１９９７〜２０１７年の間、中国のＡＩ関連論文数と被引用数は世界トップであり、特許申請でも米国を超えたとされる。

すでにインターネット大国としての基盤を構築した中国は、２０１７年に「ＡＩ産業発展計画」を打ち出し、スマート製造、クラウドコンピューター、情報セキュリティが研究開発の重点となった。そこにはＡＩ産業発展のプロセスが３つの段階によって描かれている。

第１段階では、２０２０年に中国のＡＩ技術が世界水準に達し、新たな経済の成長エンジンとなる。第２段階では、２０２５年にＡＩ基礎理論のブレークスルーを実現し、一部の分野で中国のＡＩ技術・応用が世界をリードする。最終段階の２０３０年には、中国のＡＩ総合力が世界ト

図表6-1　中国AI産業3年行動計画（2018～20年）の概要

主要3大分野	概要
8大製品	ICV ロボットドローン 医療画像診断システム 動画画像認識 音声通信 翻訳システム システム家電
スマート製造	工場・物流の自動化・無人化 設備遠隔運営・連続生産 品質モニタリング トラブル予防
システム整備	業界職業訓練のデータベース 業界基準のテストシステムおよびネットワークセキュリティシステム

（出所）工業情報省の発表

ップ水準となり、ＡＩ産業は１７０兆円規模に達し、経済強国を支える基盤となる。

このようにステップバイステップでＡＩ研究開発を強化していけば、中国は着実にＡＩ大国に向けてその地位を高めていくものと思われる。

ＡＩの推進を国家戦略とする目的の１つは、スマートカー、コミュニケーションロボット、ドローンなどハイテク製品を育成することだ。２０１７年末、中国政府は「次世代ＡＩ産業発展の３年計画」を発表。主要８大ＡＩ関連製品の育成や、センサー、ハイエンドチップなどコア部品の開発・量産を図り、スマート製造の実現に向けた体制整備を急いでいる。

今後、デジタル制御機械の進化によって工場や部品物流の無人化を実現できれば、スマート設備の遠隔運営、製品の連続生産、品質のモニタリングなどを特徴とする新しい生産方式を構築することができる。自動運転やコネクテッド機能を備えるスマートカーの量産に伴い、部品、装置、素材の新たな需要が生まれ、自動車産業の構造が一気に転換される。

中国では、交通事故による死亡者が年間25万人超、交通渋滞による経済損失が年間約４兆円に上る。自動運転技術の進展は交通事故の減少と交通渋滞の緩和をもたらすものであり、またそれによる新しい産業の発展と市場の形成をも期待させる。

自動運転レベルは、レベル１（運転支援）、レベル２（部分運転自動化）、レベル３（条件付運転自動化）、レベル４（高度運転自動化）、レベル５（完全運転自動化）と定義されている。特にシステムが主体となり得るレベル３は、自動運転にとって大きなターニングポイントといえる。

２０１７年６月、中国一汽、バイドゥなど98の企業・機関が参加するスマートカー産業の業界団体が発足、中国は官民挙げてスマートカーの研究開発に取り組んでいる。中国政府が２０１８年１月に発表した「スマートカーイノベーション戦略」では、20年に新車販売の50％をスマートカーとし、レベル３の自動運転車を実用化するとしている。さらに２０２５年にレベル４のスマートカーを実用化し、35年には中国が世界のスマートカー強国になる目標が掲げられている。

上記目標を実現するため、中国政府が２０１８年４月に自動運転車の公道試験を認可するガイドラインを施行した。これを受け中国各地で、自動運転車試験場の建設が進められている。

北京では２０１８年２月、初の試験場となる「国家スマートカー海淀基地」の使用が始まった。現在、北京経済技術開発区地域では、さまざまな道路環境が整備された２カ所目となる試験場が２０１９年に使用が始まった。また２０２２年の冬季北京オリンピックでは、第５世代（５Ｇ）移動通信システムを使用するスマートカーの投入を目指す。

江蘇省無錫市では、工業情報省、公安省、江蘇省が２０１８年に設立した「国家スマート交通総合テスト基地」が運営され、２０１９年には中国で初となる自動運転の走行試験専用の高速道

図表6-2　公道試験専用ナンバープレートの発行状況（2019年6月末）

発行都市	枚数	発行都市	枚数
北京	61	常州	3
長沙	53	無錫	2
広州	24	天津	2
重慶	12	蘇州	2
上海	7	深圳	1
平潭	7	保定	1
杭州	7	済南	1
徳清	8	肇慶	1
長春	3	襄陽	2

取得企業	枚数	取得企業	枚数
バイドゥ	96	吉利汽車	2
文遠知行	10	BMW	2
景騏科技	10	アリババ	2
小馬智行	6	アウディ	2
中国一汽	4	ダイムラー	2
上海汽車	3	テンセント	2
金龍集団	3	DiDi	2
長沙智能	3	ファーウェイ	2
蔚来汽車	2	その他	52

（出所）中国汽車技術研究中心

路が完成した。全長４・１キロメートルのテストコースでは、22カ所に監視カメラが設置され、障害物・歩行者の識別と反応、自動緊急ブレーキなど各種試験を実施している。

２０１９年６月末時点で、北京市、上海市、重慶市、広州市など18都市で、閉鎖的自動運転試験場が整備され、１９７枚の公道試験専用ナンバープレートが発行された。先行するバイドゥが複数の都市で試験ナンバープレート96枚を取得したほか、ドイツ系のＢＭＷ、ダイムラー、アウディも取得し、自動運転市場への早期参入を目論んでいる。

また、中国工業情報省は２０１８年12月、ＩＣＶ（Intelligent Connected Vehicle）産業に関する中期政策目標として「ＩＣＶ産業発展行動計画」を発表し、セルラー通信を採用する方針を示した。第１段階の２０２０年までにＬＴＥベースのＶ２Ｘ（Vehicle to everything：車両とあらゆるものをつなぐ高信頼の通信技術）を商用化するとともに、５ＧベースのＶ２Ｘのテスト運営を実施する。第2段階となる2021年以降に5G－V2Xの商用化を段階的に進める。高度自動運転機能を備えたICVの運用を本格化させ、国の道路状況に基づいたICV運用シーンのデータベースを構築。「人－車－道路－クラウド」が協調したITS（Intelligent Transport Systems）社会の実現を目指す。

こうして中国では、5G移動通信技術をベースとする自動運転技術の開発加速により、2020年にレベル3、25年以降にはレベル5の自動運転車の国内市場投入が本格化されることが予想される。各社は積極的に地場大手IT企業、欧米の大手自動車部品メーカーや半導体メーカーとの技術提携を行い、高性能製品の開発にしのぎを削っている。

2019年4月、世界初のレベル3自動運転車「栄威 Marvel XPro」を投入した上海汽車は、高精度地図技術でインテルや四維図新と提携し、自動運転技術ではイスラエルのモビリティアイ（Mobileye）と共同開発を行っている。2020年に5G移動通信システムを用いたスマートカーを量産、25年には完全自動運転の実現を目指す。

吉利汽車は、米クアルコムと共同開発で、「セルラーV2X」を利用するレベル3の自動運転車を2021年に発売する計画だ。さらに、広州汽車は小馬智行と技術提携し、2022年にレベル4の自動運転車の投入を計画。中国一汽はバイドゥと共同でレベル4の自動運転車を開発し、2020年頃の量産を目指している。

中国のＡＩ・自動運転戦略が成功する条件

中国政府が描く製造強国戦略においては、ＡＩや自動運転を先進国にキャッチアップするカギと位置付け、技術のイノベーションによって製造業の高付加価値化を目指す。このような壮大な青写真を描いているものの、計画通りに進むためには、国を挙げて基礎研究、製造設備、ハイエンドチップなどの分野に力を注ぎ、次の４つの条件を備える必要がある。

１つ目の条件としては、国産ＡＩチップ企業の育成だ。ＡＩチップは演算処理を高速化する半導体チップであり、画像認識や音声認識をメインとした演算処理に欠かせない。世界ＡＩチップ企業のランキングを見ると、エヌビディアやインテルなど米国企業が上位６位を占め、中国のファーウェイは第11位にとどまる。実際、中国は半導体チップの国産化率が２０１８年に10％に過ぎず、輸入に頼っている。２０１８年の半導体チップの輸入額は３１２０億ドルを記録し、ガソリンを抜き中国最大の輸入品目となった。

２つ目は、ＡＩ・自動運転人材の育成だ。中国は米国に次ぐ第２位のＡＩ人材を有しているが、優秀な人材（定義：論文の被引用数に基づいて算出される研究者の評価指標によるもの）は米国の５分の１に過ぎず、特に海外で経験を積んだ人材が不足している。また、ベンチャーの創業が盛んになるなか、中堅・中小企業を含むＡＩ企業同士の人材争奪戦が見られ、それが人件費の高騰につながっている。中国自動運転業界の平均月給は、２０１７年に４万元（約70万円）を超えた（テンセント研究院『２０１７グローバル人工知能人材白書』）。

３つ目は、理論研究において中国の公的研究機関や国内企業の国際的な影響力が向上すること

図表6-3　世界AIチップ企業トップ24社（2018年）

順位	企業名	インデックス	順位	企業名	インデックス
1	Nvidia	85.3	13	Synopsys	61.0
2	インテル	82.9	14	MediaTek（中）	59.5
3	IBM	80.2	15	Imagination（中）	59.0
4	グーグル	78.0	16	Marvell	58.5
5	Apple	75.3	17	Xilinx	58.0
6	AMD	74.7	18	CEVA	54.0
7	ARM/SoftBank	73.0	19	Cadence	51.5
7	Qualcomm	73.0	20	Rockchip（中）	48.0
9	Samsung	72.1	21	Verisilicon（中）	47.0
10	NXP	70.3	22	General Vision	46.0
11	Broadcom	64.5	23	Cambricon（中）	44.5
11	ファーウェイ（中）	64.5	24	Horicon Robotics（中）	38.5

（出所）Compass Intelligence発表

図表6-4　AI論文数、AI関連企業、AI人材の保有上位6カ国

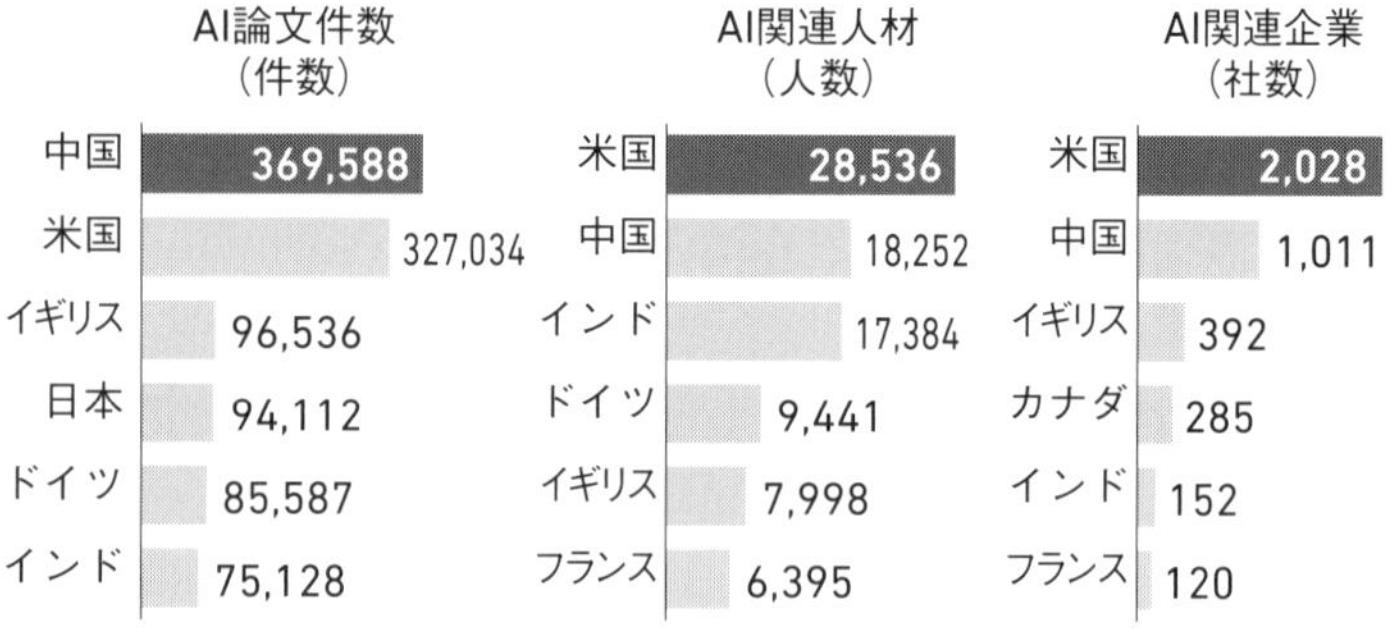

AI論文件数（件数）		AI関連人材（人数）		AI関連企業（社数）	
中国	369,588	米国	28,536	米国	2,028
米国	327,034	中国	18,252	中国	1,011
イギリス	96,536	インド	17,384	イギリス	392
日本	94,112	ドイツ	9,441	カナダ	285
ドイツ	85,587	イギリス	7,998	インド	152
インド	75,128	フランス	6,395	フランス	120

（出所）清華大学「中国AI発展報告（2018）」

だ。AIに関する論文の質および影響力を反映する被引用件数を見ると、世界トップ20機関に中国科学院（第3位）と清華大学（第9位）がランクインするにとどまった（日本経済新聞とエルゼビア調べ）。また特許データベースを提供するincoPatが発表した「2018グローバル自動運転技術特許出願100大企業」では、バイドゥとファーウェイはそれぞれ第6位、第8位と、日米欧企業に大差をつけられた。

4つ目は、自動運転に係るインフラの整備だ。中国ではレベル3の自動運転車は早期に量産できるものの、インターネットとクルマ・道路につながるためのインフラの整備や、行政上の調整などを勘案すれば、レベル4の自動運転車の量産に至るまでは時間を要するだろう。

インフラ整備の一例である車載機器が信号機から受け取った情報でドライバーの運転を支援する仕組みから路面情報を処理する信号機技術は、自動運転の実用化に欠かせないものだ。ところが、現在100社以上の国内信号機メーカーが存在するため、信号機の仕様を統一させるのは容易ではない。それでも、ダイムラーとBMWは2020年半ばにレベル4の自動運転車の実用化しようとしている。高速道路での自動運転を実用化した後、将来的には市街地での高度な自動運転の実用化を目指す。

EV産業チェーン、インターネット通信網、有力なIT企業の存在など、中国には自動運転市場を育成する基礎条件が整っている。今後、スマートカーや自動運転車分野で競争力を構築するためには、中国企業はスマート生産技術を進化させるだけではなく、長期的視点で基礎研究や人材育成に注力する必要があるといえよう。

2 虎視眈々のＢＡＴ（バイドゥ、アリババ、テンセント）

ＡＩに布陣するＢＡＴ

２０１８年末時点で中国のＡＩ企業は３３４１社あり、これは米国の５５６７社に次ぐ世界第2位である（Wuzhen Institute『世界人口知能発展報告２０１８』）。コンピューター・ビジョン、ロボット、自動音声、自動運転が中国ＡＩ企業の主な事業分野だ。リサーチ会社のCB Insightsが発表した「２０１９年世界ＡＩベンチャー企業トップ１００社」には、商湯科技（センスタイム）、曠視科技（Face++）、小馬智行など中国ＡＩ企業6社がランクインした。

ＢＡＴと呼ばれる中国ＩＴ大手3社（バイドゥ、アリババ、テンセント）が、海外企業を含むＡＩ関連企業約60社に投資し、技術力を持つユニコーン企業（評価額10億ドル以上の非上場、設立10年以内のベンチャー）の大半を傘下に収めた。

現在、中国で注目を浴びているＡＩ企業といえば、音声認識と音声合成技術に特化するアイフライテック（科大訊飛）、ホンダと自動運転の共同開発を行う画像認識企業のセンスタイムだ。

アイフライテックは理系の名門、中国科学技術大学発のベンチャー企業。１９９９年の設立で、音声認識技術を搭載するＡＩをスマホ、自動運転車など幅広い分野に応用し、国内音声認識市場で現在70％以上のシェアを誇る。

２０１４年に創業のセンスタイムはディープラーニング技術を活用した画像認識分野で優れた

図表6-5　中国大手IT3社が出資したAI関連企業例

アリババ	
企業名	分野
曠視科技※	computer vision
商湯科技※	computer vision
依図科技※	computer vision
寒武紀科技※	AIチップ
小鵬汽車※	自動運転
Barefoot(米)	SDNチップ
WayRay(スイス)	カーナビ

テンセント	
企業名	分野
蔚来汽車※	自動運転
優必選※	ロボット
碳雲智能※	スマート医療
体素科技	スマート医療
雷鳥科技	スマートTV
奇幻工房	ロボット
工匠社	ロボット

バイドゥ	
企業名	分野
威馬汽車※	自動運転
中科慧眼	自動運転
塗鴉	ハードウェア
甘来	スマート小売
作業盒子	AI教育
KITT. AI(米)	言語認識
Falcon(米)	ビッグデータ

(出所) 各種報道より筆者作成
※中国科学技術省が認定したユニコーン企業

技術を持ち、スマホや自撮りアプリに同社の顔認識機能が採用されている。エヌビディアやクアルコムとも提携し、ＡＩチップの開発や、移動体認識技術を用いた自動運転技術の開発も行っている。

この2社とＢＡＴが中国ＡＩ産業の特定分野で圧倒的競争力を持つため、新規参入するＡＩ企業にとって事業展開の阻害要因となっている。こうした状況下で、中国政府はバイドゥ「自動運転」、アリババクラウド「都市ブレーン(スマートシティ)」、テンセント「医療画像認識」、アイフライテック「スマート音声」、センスタイム「顔認識」を国家クラスの「ＡＩオープンイノベーション・プラットフォーム」として認定。同プラットフォームは政府の主導するイノベーションの成果として公開され、政府はＡＩ企業の新規参入促進やＡＩ技術の実用化を図ろうとしている。

自動運転の開発を競うＢＡＴ

ＢＡＴが、ＩＴとＡＩ技術を活かし自動運転技術の開発やスタンダードの確立を急いでいる。なかでもバイドゥは、２０１７年に自動運転事業における認知、判断、制御、ハード・ソフトなどの技術を集結する自動運転プラットフォーム「アポロ」を公開している。

アポロに参加している企業には、中国の主要自動車メーカー、独ダイムラー、米フォードなどの外資系自動車メーカー、独ボッシュやコンチネンタルなどのメガサプライヤー、さらにはＡＩ用半導体メーカーであるエヌビディアやインテルなど、自動車関連業界の有力企業が名を連ねた。２０１８年末時点で、アポロユーザーは１７００社に達し、日米欧を含む自動車メーカー約１３０社も参加する。量産品である「アポロＰｉｌｏｔ」には、エヌビディアのセンサー、ＺＦの車載コンピューター、モービルアイのカメラ技術が採用された。これらには信号機の識別や障害物の検知などの機能がある。

アポロではデータやオープンソースコードなど多くのツールが提供されており、開発者は無料で利用できる。この手法はスマホ向け米グーグル基本ソフトのアンドロイドに似ている。すなわち自動車メーカーがアポロのソフトウェアを利用すれば、バイドゥが自動運転車のスタンダードを握ることができる。

２０１８年、北京市内で自動運転車両が路上を試験走行した距離は計15万キロメートル、そのうちバイドゥが13万９０００キロメートルでトップ、他社を大きく引き離した。２０１９年には自動運転タクシーを運営する会社を湖南省長沙市に設立し、自動運転タクシーを１００台投入す

図表6-6　BAT3社の自動運転分野の布陣

	バイドゥ	テンセント	アリババ
参入時期	2013年	2016年	2017年
事業戦略	All in AI	AI in All	AI for Industries
専門人材数	約450人	約400人	約150人
AI特許数（2017年末）	542件	261件	228件
自動運転コア技術	百度大脳、百度クラウド	騰訊AIプラットフォーム	達摩院、阿里クラウド
スマートスピーカー（OS）	百度小度（DuerOS）	騰訊听听（AI in car）	天猫精霊（AliOS）
傘下の地図企業	百度地図	四維図新	高徳地図
傘下の新興EV企業	威馬汽車	蔚来汽車（NIO）	小鵬汽車
自動運転提携先	フォード、長城汽車等	広州汽車、長安汽車等	上海汽車、ホンダ等
自動運転目標	2021年にレベル4の実現	2025年にレベル5の実現	未公開

（出所）各社発表より筆者作成

る計画だ。中国の「ＡＩ×自動運転」戦略を担うアポロは、国家クラスのプラットフォームとして、今後グローバル市場における影響力を高めていくものと思われる。

先行するバイドゥに対しテンセントは「レベル３」の自動運転に力を入れると同時に、アルゴリズムの開発やデータの収集にも取り組み、２０２５年には完全自動運転の実現を目指している。

２０１７年発表の“AI incar”システムには、充電スタンド検索、音声識別、チャットアプリなどの機能が備わり、広州汽車に提供される予定だ。２０１９年５月、テンセントが企業ホームページで披露したコンセプトカーから自動車業界に参入する兆しが見られた。

アリババが２０１６年に実用化した自

社ＯＳ“YunOS”は、音声認識、多機能マップ、電子決済サービス「アリペイ」などのネット機能を備えている。２０１８年末に発売したＡＩスピーカー「天猫精霊」には、中国語音声による指示を認識する機能があり、音声だけでクルマの窓やドアの開閉、エアコンの操作をすることができる。

また、自動運転を実現するためには、クルマの位置特定、環境識別、行動制御が不可欠であり、特に位置特定には、大量の路面データを収集・処理できる高精度地図が必要になる。中国政府は地場企業19社に高精度地図のライセンスを供与する一方、安全保障上の懸念を理由として、外資系企業の参入は厳しく規制している。

現在、ＢＡＴ傘下の百度地図（バイドゥ）、高徳地図（アリババ）、四維図新（テンセント）が同市場を寡占している。高徳地図が２０１６年に、地図データ“amapouto”を複数の自動車メーカーに提供することで先行する百度地図と対抗し、四維図新は台湾の聯発科技（ＩＣ設計最大手）の子会社を買収して、車載通信関連事業の強化を図ろうとしている。ファーウェイも高精度地図事業への新規参入を狙っている。

またＩＴ系各社は商用車の自動運転事業にも力を入れている。インターネット通販大手の京東(JD.com）は２０１７年に上汽大通・東風汽車と共同で無人トラックによる配送サービスを開発し、バイドゥと提携する蘇寧物流は２０１８年に、「レベル４」の自動運転大型トラック「行竜一号」の試験走行を実施した。バイドゥは２０１８年に金龍客車と「レベル４」の自動運転バス“Apolong”を開発した。

現在実用化されている自動運転車の多くは「レベル3」以下に相当し、運転の主体がクルマとなる「レベル3」以上の実用化には法制度を含む環境整備を進める必要がある。市街地などでの完全な自動運転は難しいものの、高速道路、高齢者の多い過疎地域、歩車完全分離のスマートシティなど導入可能なところから普及が進む。特に公共施設、特定地域でのシャトルバス、無人物流車が早期に普及する可能性があると考えられる。

バイドゥの技術者が独立起業した小馬智行と北京地平線机器人は、中国の自動運転車業界で有名なベンチャー企業だ。小馬智行はバイドゥ米国社で自動運転のトップ技術者である彭軍と楼天城が2016年にシリコンバレーで設立した自動運転技術開発のベンチャーだ。有力ファンドからの資金調達に成功し、2019年の企業価値はすでに17億ドルに上る。同社は中国初の自動運転車開発のユニコーン企業であり、現在は配車サービスで「レベル4」の自動運転車の実用化を計画している。

バイドゥディープラーニング研究院副院長、国際AIコンテストで優勝したAI専門家の余凱は2015年に北京地平線机器人を設立し、AI向けのBPU（Brain Processing Unit）やアルゴリズムの開発を行っている。自動車、ロボットなどに理解や意思決定の知能を付与することを目指す同社は、ボッシュにADAS用ソフトウェアを提供し、2017年にはスマートドライブ向けの「征程（Journey）1・0プロセッサ」とスマートカメラのための「旭日（Sunrise）1・0プロセッサ」を開発した。

上記2社の創業者はともに米国からの帰国者だ。2015～18年に中国から海外へ留学した学生は合計230万人を突破した。この数年、毎年約50万人の中国人留学生が海外から中国に戻って就職・起業するなど、中国に新しい風を強く吹き込んでいる。2018年に帰国した51・9万人の中国人留学生のうち、実に半分が修士・博士課程の修了者だ。

アリババ、テンセント、バイドゥが中国をインターネットの力で大きく変えたパイオニアだとするなら、高度な技術や経営手法を留学先で学んだ海外帰国組の新世代がその後を受け継ぎ、中国で新しいビジネスを生み出す。今後、こうした若きエリートたちが中国にさらなる革新をもたらすのは、もはや時間の問題だろう。

「未来のスマートシティ」を目指す雄安新区

北京から南に約100キロメートル、車で2時間ほどの距離にある「雄安新区」で、2035年までに、およそ1700平方キロメートル（東京都のほぼ8割の面積）もの開発計画がある。習近平国家主席の肝煎りプロジェクトとして「国家千年の大計」とも呼ばれている。

2017年4月に設立されたこの国家クラスの新区は、北京の製造業企業、教育機関、医療施設といった非首都機能を分散する役割を担う一方、環境配慮型・スマート化交通システムを特徴とする「未来のスマートシティ」の構築を目指している。深圳経済特区、上海浦東新区に続く国家戦略を反映する新たな特区と位置付けられている。

同区の雄安市民服務中心（市民サービスセンター）には、自動運転のテストコースがあり、無人運転清掃車、無人配達車、小型自動運転バスが日常的に走行し、実用化に向けたデータの収集

雄安新区、自動運転専用車道

雄安新区を走行する
バイドゥのレベル4自動運転車

（出所）筆者撮影

を重ねている。道路にはセンサーの設置、道路・車両間通信インフラなどが整備されている。

一方、クルマがカメラやセンサーで環境を感知して走行し、周辺施設、歩行者までがインターネットを通じてつながるためには膨大な情報を処理する必要がある。「未来のスマートシティ」構想の実現に向け、5G移動通信システムの早期の実用化がカギとなる。

2018年、中国大手通信業者の中国移動は、ファーウェイ、長城汽車と、5G-V2X方式による遠隔自動運転実験に成功し、5Gネットワークによる、時速20キロメートル以内の車両を制御して起動加速、減速、ステアリングなどの操作を行うことを実現した。また中興通訊（ZTE）は、中国電信、バイドゥと共同で、5Gを用いた自動運転車の公道試験を完了した。2019年には中国聯合通信（チャイナ・ユニコム）やファーウェイが環境監視システムの整備を進めている。

国務院は２０１９年に「雄安新区の全体計画（２０１８〜35年）」を承認し、北京にある国有企業の本社や支社、研究機関の移転を促進する一方、国家クラスの科学研究・イノベーション機関を、雄安新区に優先的に設置する方針を示した。北京の非首都機能吸収にとどまらず、同区を中国の代表的なハイテク産業・イノベーション拠点に育成しようとしている。

現在、テンセントやアリババが同区と提携し、ビッグデータ・ニューラルネットワークを軸とするインフラ整備を行い、バイドゥは同区で「レベル４」の自動運転車の公道試験を実施している。このような「未来のスマートシティ」の建設は、今後、全国に波及するものと予測され、中国交通運輸省公路科学研究院は２０１８年、アリババと共同で自動運転や道路のスマート化の研究に着手した。

雄安新区は、国が強く推進することにより、中国のスケールとスピードが反映されたプロジェクトである。こうした新しい需要に惹きつけられ、今後、外資企業を含む多くの企業が現地に進出し、「未来のスマートシティ」の構築を着実に進めるだろう。

3　中国のモビリティサービスの現状

台頭するモビリティサービス

モビリティサービスには、ライドシェア（相乗り）やカーシェアリング、レンタカー、タクシーなどの自動車輸送サービスにとどまらず、自動車を利用する物流や観光サービスも含まれる。

中国では2015年以降、スマホの普及に伴い、アプリケーションを介する配車サービスやカーシェアリングが増えている。

なかでもタクシー配車サービスの年間利用者数が2015年の延べ42億人から2018年の延べ200億人へと増加し、中国のタクシー利用者全体の36・5%を占めるようになった。その背景には、都市部において地下鉄や路線バスなどの公共交通が混雑する一方、自動車走行規制の実施、駐車場不足等により、既存の交通手段が消費者のモビリティ需要に対応できないことがある。

2012年、アリペイから離れた29歳の程維は北京小桔科技を設立し、配車ソフトの「滴滴出行（DiDi）」を開始した。同社が運営するDiDiは、2018年末時点の利用者が延べ5・5億人に達し、中国配車サービス市場シェアの9割を占めている。サービスには、自家用車の配車サービスの「滴滴快車」と「礼橙専車」の他、ライドシェアサービスの「滴滴順風車」も含まれる。

DiDi以外にも、巨大なモビリティ需要を狙い、首汽約車、神州専車など大手レンタカー企業が配車サービスに参入し、DiDiを追いかけている。また、自動車メーカー各社が自社ブランドのEVを投入、モビリティサービス企業を立ち上げた。

民族系自動車メーカー第1位の吉利汽車が運営する「曹操出行」は全国30以上の都市で展開し、配車サービス市場でDiDiに次ぐ第2位となっている。長城汽車は、「欧拉出行」を立ち上げ、2021年までに全国でEV20万台の投入を目指す。

図表6-7　中国主要配車サービス企業の概況

ブランド名	設立	運営企業	ライセンス取得都市数	月間利用者（万人）	18年市場シェア
滴滴出行	2012年	小桔科技	92	6,600	91%
曹操出行	2014年	吉利汽車	71	403	3%
首汽約車	2015年	首汽集団	60	430	2%
神州専車	2015年	神州優車集団	54	238	2%
易道	2016年	楽視控股	44	77	1%

（出所）各種報道

また、東風汽車は2019年に武漢市と十堰市で配車サービスを開始し、上海汽車は、ミドル・ハイエンド市場をターゲットとするモビリティサービスのブランド「享道出行」を発表し、車両の運営、メンテナンス、金融・保険サービスを含む総合的なソリューションを提供する。

外資系企業では、BMWが2017年に地場企業のEVCARDと提携し、カーシェアリング市場に参入、2018年には外資系初のネット配車ライセンスを獲得した。一方、ダイムラーが吉利汽車と合弁企業を設立し、モビリティサービスを展開する。この2社はBMWやベンツなどの高級車を投入しハイエンド市場を狙うものだ。

また、配車サービス等を直接運営せず、既存サービスを統合するプラットフォームも増えている。地図大手の高徳軟件が2017年に立ち上げた「高徳易行プラットフォーム」は滴滴出行、神州専車、首汽約車等複数企業のサービスを提供し、モビリティの利便性を高めた。

2019年7月末時点で、中国には300以上の配車サービスプラットフォームが存在しているものの、配車ライセンスを取得したのは全体の3割にとどまっている。

一方、2018年に発生したDiDiのドライバーの性的暴行による女性客の死亡事件が、社会から強く非難され、DiDiは唯一の黒字事業であるライドシェア事業を中止した。業界の急成長により、個人情報の管理、企業責任の明確化、乗客の安全性などの課題が置き去りとなっていた。政府は配車サービス用車両を監視・管理するプラットフォームを導入し、2019年から配車ドライバーに対し、国が発行する専門免許証および運営許可証の取得を義務付けた。

DiDi傘下のドライバー約2000万人のうち、失業者や貧困労働者が全体の28%を占める。雇用への貢献が評価され、DiDiは地方政府からの支援を受け、中国全土でビジネスの急拡大を果たした。

しかし、設立してから計200億ドル超を調達した同社は、ライバルの快的打車やUber China を吸収したにもかかわらず、赤字決算が続き、2018年には約1800億円の赤字を計上した。当社は運転手営業収入の19%に相当する手数料を徴収したものの、経営コスト・税金(同14%相当)、ドライバー奨励金（同7%相当）を除くと、同2%相当額の赤字だ。既存の交通手段と競合するため、ドライバーに支給した奨励金が赤字の要因であったと、執行役副総裁の陳熙が語った。DiDiの苦戦から未成熟な中国モビリティ市場の実態が見てとれる。

DiDiは2018年、自動車関連企業31社が参加するモビリティサービスの企業連合「洪流聯盟」を立ち上げた。今後はEV1000万台超の投入や新たな配車プラットフォームの導入も視野に入れている。消費者がDiDiのアプリで他社の配車サービスを利用することができれば、業界の運営コストの削減が期待される。

今後、中国のモビリティサービス市場の拡大に伴い、ＥＶやスマートカーを中心とする車両の需要が増加すると予想される。短期的にはＥＶの供給が求められるが、将来的にはプラットフォームやビッグデータなどのシステムと車両の融合が見込まれることから、自動車メーカーと地場モビリティサービス企業と提携することが必須であろう。

このようななか、北京汽車、広州汽車、ＶＷがＤｉＤｉとそれぞれ戦略提携し、トヨタは２０１９年7月、ＤｉＤｉに6億米ドルを出資し、日産の中国合弁企業もＤｉＤｉ向けの車両を開発・生産する可能性について模索すると報道された。

２０１９年7月23日、中国国有自動車グループ3社（中国一汽、東風汽車、長安汽車）とアリババ、テンセントなど11社共同で設立された南京領行科技は、配車アプリ「Ｔ３出行」を発表し、２０２２年には中国全土で運営車両30万台の投入を目指す。「Ｔ３出行」は、車両をすべて自社で所有し、車載カメラの映像などデータをもとにＧＰＳやネットを通じて車を監視する。また顔認証技術を活用した運転手の身元確認の徹底、車内に通報装置の設置などを通じて、乗客の安全確保に配慮している。国有企業が主導するモビリティサービス企業の登場から、中国における次世代の移動サービス「ＭａａＳ」は一段と拡大すると予測される。

中国のカーシェアリングの実態

カーシェアリングは、モバイルインターネットから作られたプラットフォームを利用するクルマの時間貸しサービスである。特定のクルマを会員間で共有し、会員は必要なときにセルフ方式で借りることができる。短時間の利用であればレンタカーより割安であることが特長である。日本では１９８８年に初めてカーシェアリングが登場したものの、本格的に事業化されたのは近年であり、レンタカーに比べての知名度はまだ低い。

中国では２０１０年に設立された Ccclubs が同国初のカーシェアリング企業である。２０１３年に微公交、EVCard など大手カーシェアリング企業が参入し、２０１５年以降はＥＶ市場の拡大に伴い、多くのカーシェアリング企業が設立された。

中国のシェアリングエコノミーは２０１８年、前年比42％増の2兆９４２０億元（約48兆円）、国民の２人に１人となる７・６億人が関与した規模だ。国民の年間のカーシェアリング利用額は、初めてモビリティ支出額全体の10％を超えた。

カーシェアリングアプリの効果が反映される「月間アクティブ率（ＭＡＵ）」を見ると、２０１８年末、自動車販売・リース大手の北京首汽集団傘下の「Gofun」出行はユーザー数１７０万を獲得し、業界トップとなり、上海汽車傘下の EVCard がユーザー数１３０万で第２位となった。

２０１９年6月時点で、中国のカーシェアリング企業は約４００社、運営車両は13万台に達した。緑狗租車（GreenGo）や盼達用車など自動車メーカーの傘下企業、途歌や Gofun など新興カーシェアリング企業、神州ｉＣａｒなどレンタカー企業の子会社の３つの勢力が存在している。

カーシェアリングビジネスでは、車両コストが大きいため、各車両をいかに効率よく利用するかが生き残りのカギとなる。一方、コストを抑えて投入車両数が少なければ利用者にはカーシェアリングの利便性が認識されず、需要も生まれない。現在、カーシェアリング産業が依存する駐車スペース等の公共資源は地方大手企業が握っており、地域をまたぐ経営は難しい。高い投資・運営コストに加え、同事業における収益の創出が課題である。

大手カーシェアリング企業は、資金力や地元での影響力を活かし複数の都市で車両1万台以上を展開している。しかし上位10数社を除くと、多くの企業は収益力が弱いため、地方政府の補助金やファンドからの資金調達で事業を継続しているのが実態である。特に2017年以降、「友友用車」「EZZY」「麻瓜出行」「中冠」などカーシェアリング企業の撤退が相次ぎ、利用者から預託されていたデポジットの返還問題が発生するなど、業界に暗い影を落としている。

政府は2017年8月に「小型車リースの健全な発展促進に関する指導意見」を発表し、カーシェアリングを促進・支援する方針を示した。現状では駐車場や充電ステーションの確保などの課題があり、政策による効果は限定的であろう。

これまでは、自動車の価値を個人が所有する財として見る側面が強かった。今後は自動車を移動・輸送の用途に利用するサービスの価値として捉え直す流れとなるだろう。現在、中国ではクルマは保有主義が根強く、ファーストカーの購入者が全体の4割超を保っている状況だ。しかし自動配車・停駐車や自動運転が発達すると、中国人の自動車に対する所有欲求に減退が生じる可能性もある。

２０１８年末、Ｗａｙｍｏは世界初となるロボットタクシー配車サービス「Waymo One」を開始した。ソフトウェア、プラットフォームサービス、データはモビリティ業界の付加価値となり、ユーザーは走行性能とは異なる「乗車体験（ＵＸ）」を求める傾向にある。そのとき、自動車の差別化要素となるコックピット設計とＡＩ機能の統合が不可欠であろう。

衝撃を受けた深圳市の「スマート交通」

中国初の経済特区である広東省深圳市は「紅いシリコンバレー」と呼ばれ、中国のハイテク・ＡＩの一大集積地となっている。同地には、ＢＹＤ、ファーウェイ、テンセント、ＺＥＴなど中国大手ハイテク企業の本社が立地しており、加えて多くのユニコーン企業、あるいはその予備軍とされるベンチャー企業も散在している。同市の華強北エリアでは、スマホ・ＩＴ機器パーツなど数十万点もの部品が販売され、多様な委託加工業者が立地している。そのためスタートアップ企業は試作品作りから低コストでの量産まで、自分のアイデアを形にすることが可能だ。こうした企業から生まれた技術・サービスは、２０３０年の中国モビリティ社会の一翼を担う存在である。

近年、深圳市はＭａａＳの一分野である「スマート交通」、すなわち情報技術導入による交通の効率化に積極的だ。現在、深圳市が公共交通として運行しているＥＶバスは１万６０００台、ＥＶタクシーは２万台で、その約９割がＢＹＤ製だ。深圳市が公共バスにＢＹＤ製を選んだ理由は、地元企業だからではなく、ＢＹＤが開発した「スマート交通」システムを使った運行が可能な点にある。

深圳市が2013年に初めてBYDのスマート交通システムを導入した後も、BYDは段階的にシステムの機能を向上させてきた。現時点の主な機能を見ると、バス会社が車両状態をリアルタイムで把握できるほか、バスのGPS（全地球測位システム）で得られる車両の現在位置や速度、電池残量といった車両搭載のセンサーから得られる情報が、BYDのデータセンターを経て、各バス会社の運行管理センターのモニターに反映される。

また、EVに不可欠な市内各所にある充電スタンドと通信し、空き状況や月間の稼働状況、充電している車両の電池容量なども同様に把握できる。このシステムで、バス会社は運行状況から移動需要を把握し、バスの本数を増減させるなど効率的な運行が可能だ。

ガソリン車の給油に比べ時間のかかる給電も、1つの充電スタンドにバスが集中しないようコントロールできる。さらにBYDはバス会社と共同で「イーバス」というスマホアプリも投入し、市民の移動ニーズに応じて、既存の路線以外のルートでも運行を始めている。

筆者は2019年6月に、深圳市からバスの運行を委託され、BYD製バスを導入する国営企業「東部公交」を視察した。〝深圳市3大バス会社〟の一角である同社は、深圳市内に7つの分公司（支社）、191の駐停車場、16の補修工場を持つ大手企業だ。BYD製EVバス5808台を運行している。筆者が視察した第7分公司第2営業所だけで160台のEVバスと80基の充電スタンドを管理している。

BYDのシステムでは、運転手をはじめ従業員の勤怠や健康の管理も可能だ。タブレット端末

ドライバーを見える化する端末と
アルコール検知器

リアルで運行状況が
表示されるパネル

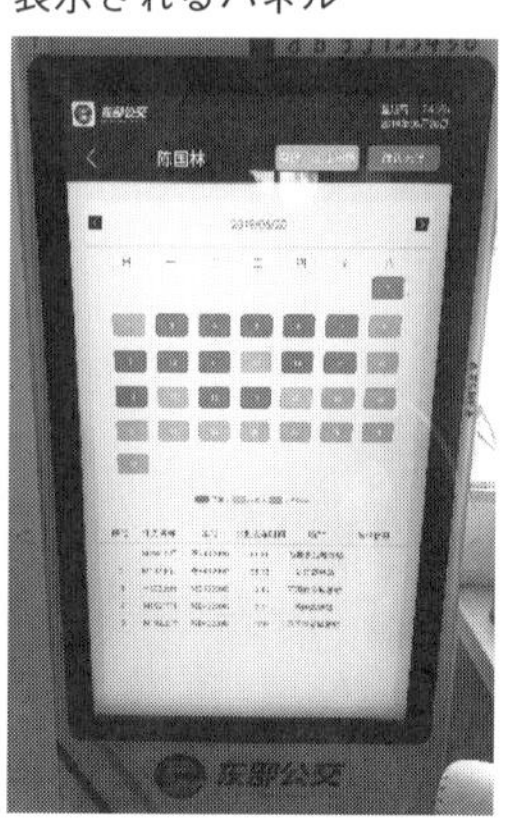

（出所）筆者撮影

で顔認証による出退勤管理や専用センサーを取り付けてのアルコール検査ができる。同営業所に所属しているドライバー約２００人について、月間の勤務データや走行路線・運行時間、さらには今、酒気帯びでないかどうかなどの情報が社内に設置している大きな電子パネルで確認できる。

東部公交を視察し、「日本では運転手の出退勤をいまだ手書きで管理している」と話す日本の大手バス会社幹部は、システムを含めた深圳市の取り組みに学ぶべきだという。路線バスにＭａａＳを実装した深圳市の事例から、中国主要都市では今後、スマート交通が急ピッチで進められることが予測できる。

第7章 「世界のEV工場」となる中国

1 2030年、メガEVメーカーの誕生

クルマ生産は内製から外部委託へ

2030年頃には、スマートシティの形成、公共交通機関の発達、移動手段の多様化がさらに進み、人々の暮らしやライフスタイルは大きく変貌する。「サービスとしての移動」であるMaaSは多様な交通モードを連携させるプラットフォームであり、環境問題、交通事故、交通渋滞など社会的問題の解決につながる。

都市や町の特性に応じた交通システムがスマート化されると、ドライバー不要の自動運転車は、低コストでサービスを提供し24時間稼働することも可能となる。それに伴い、各種サービスやメンテナンスをはじめとするアフターマーケット事業が拡大すると見込まれる。

図表7-1　2030年頃の中国モビリティ社会（予測）

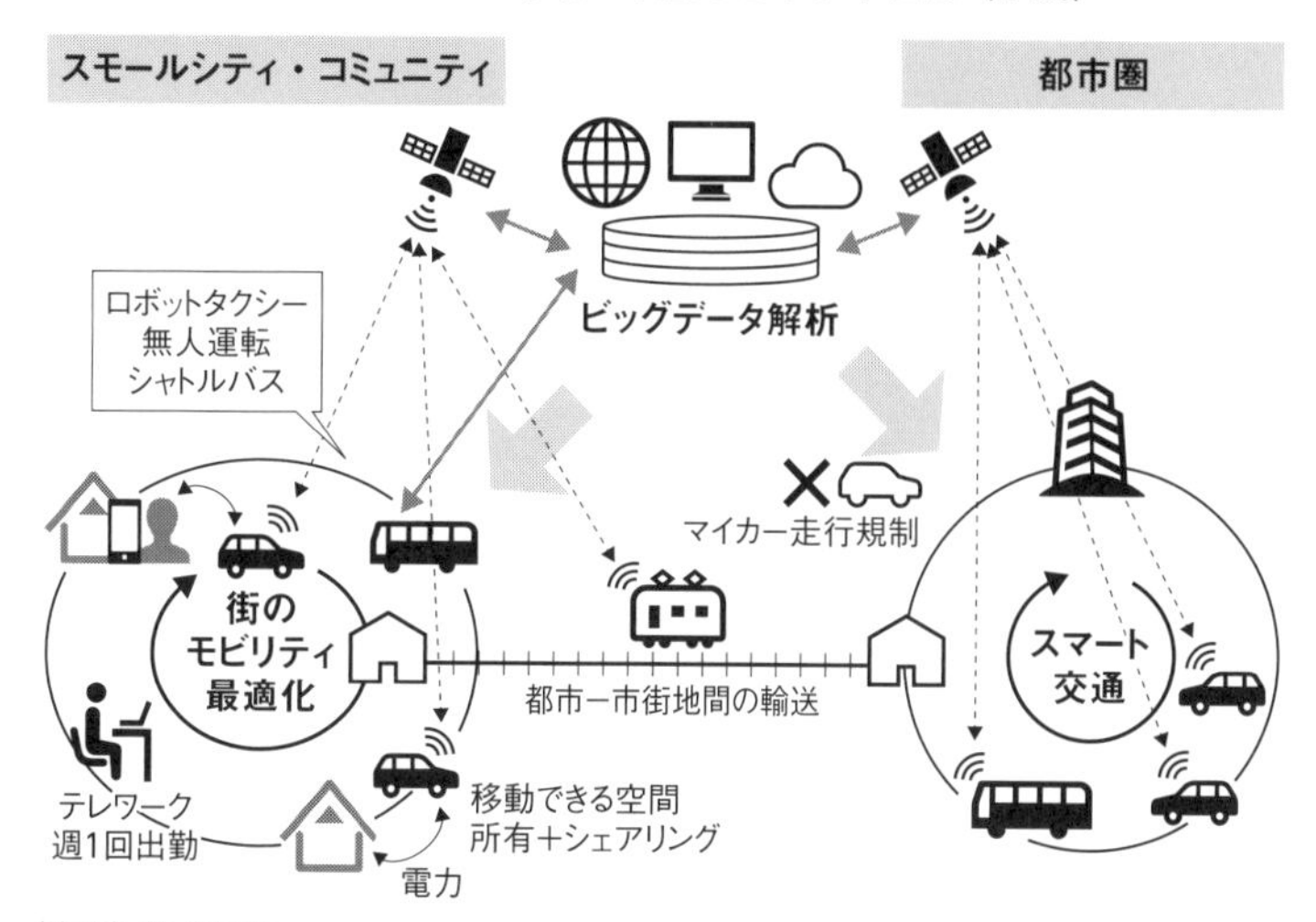

（出所）筆者作成

電動化や自動運転車の普及が進むなか、自動車の保有形態が所有から共有へシフトし、自動車産業やモビリティ産業の構造は大きく変化する。こうした産業大変容の荒波の下、新車需要が減少すれば部品生産も減少し、ハードウェアとしてのクルマの稼ぐ力も低下する。自動車メーカーはアフターマーケットやモビリティ市場で事業の拡大を図る必要がある。モビリティ・カンパニーを目指すトヨタの構想から、自動車メーカーに大きな変革の波が押し寄せてきたことがうかがえる。

そうなると、自動車メーカーは自動運転車やEVなどの技術開発に注力し、車載電子機器とソフトウェアで部品の共通化・標準化を推進する一方、クルマとさまざまな業界とのコラボレーションに取り組んでいく。クルマ生産の優先順位が低くなれば、低コスト・高効率かつエコな巨大なスマート工場が求められる。その結果、クルマ生産では、機械装置産業並みの投資が必要となるため、自社でスマートカーの多品種・少量生産を行うより、むしろ外部の大規模生産工場への委託生産が、効率的となるであろう。

１９９０年代から発達した電子機器受託生産サービス（ＥＭＳ）の特徴は、電子機器の設計製造プロセスにおけるデジタル化とモジュール化にある。製品を機能ごとに分解し、個別の機能を組み合わせることが可能になり、構成要素であるモジュールが規格化・標準化され、それを組み合わせることによって最終製品が作られる。米アップルや米ＨＰなど世界大手ブランドのスマホやパソコンの製造を受託する世界最大のＥＭＳ企業、台湾の鴻海は、中国で安価な労働力の大量投入による規模の経済効果を実現し、厳しいサプライチェーンの管理を通じて、低コスト・短納期を図るようになった。

モジュール化の強みは、製品やサービスがオープンでデザインされているので、どのシステムも接続が可能であり、高性能のモジュールが開発されれば、それを取り込むことで製品の性能を高めることができる点である。一方、弱みとしては、企業の参入障壁が低くなることにより、製品やサービスそれ自体にユニークな特色を持たせることが難しく、製品に付加価値をもたらせなくなる。

また、自動車の電動化・スマート化に伴い、基本性能はシステムサプライヤーがシステムで提供し、車体設計・エンジニアリングおよび製造は外部委託、自社は商品企画やパッケージングのみを行うという分業化の可能性もある。モジュール化によって部品を交換する柔軟性が高まり、

図表7-2　2030年頃のスマートファクトリープラットフォーム（予測）

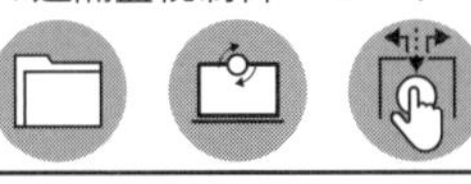

（出所）筆者作成

新車に買い替える必要なしに車両のアップグレードや技術の向上を図ることが可能になる。今後、ＩＴ製品の領域で定着した外部企業に委託するビジネスモデルが自動車分野に波及すると予測される。

安全性、サービス、自動運転機能を一体化するモジュールを車両に搭載できるようになれば、クルマとクルマ間・道路とクルマ間の通信である「Ｖ２Ｘ」機能がスマートカーに応用される。今後、自動車メーカーを含むＭａａＳ企業が製品・部品の委託生産比率を高め、ＥＭＳと同様にクルマの受託生産サービスを手がけるメーカーが登場すると思われる。

メガＥＶメーカーの誕生

２０３０年頃、中国の新車販売台数は３５００万台に達し、世界最大のスマートカー市場でありながら、「世界のスマートカー製造工場」の地位を固める。大都市でガソリン車の販売が禁止されれば、ＮＥＶ需要が１７００万台、ＰＨＶ・マイルドＨＶ（48ボルト）の需要が５０００万台、

図表7-3　2030年の中国新車市場構造（予測）

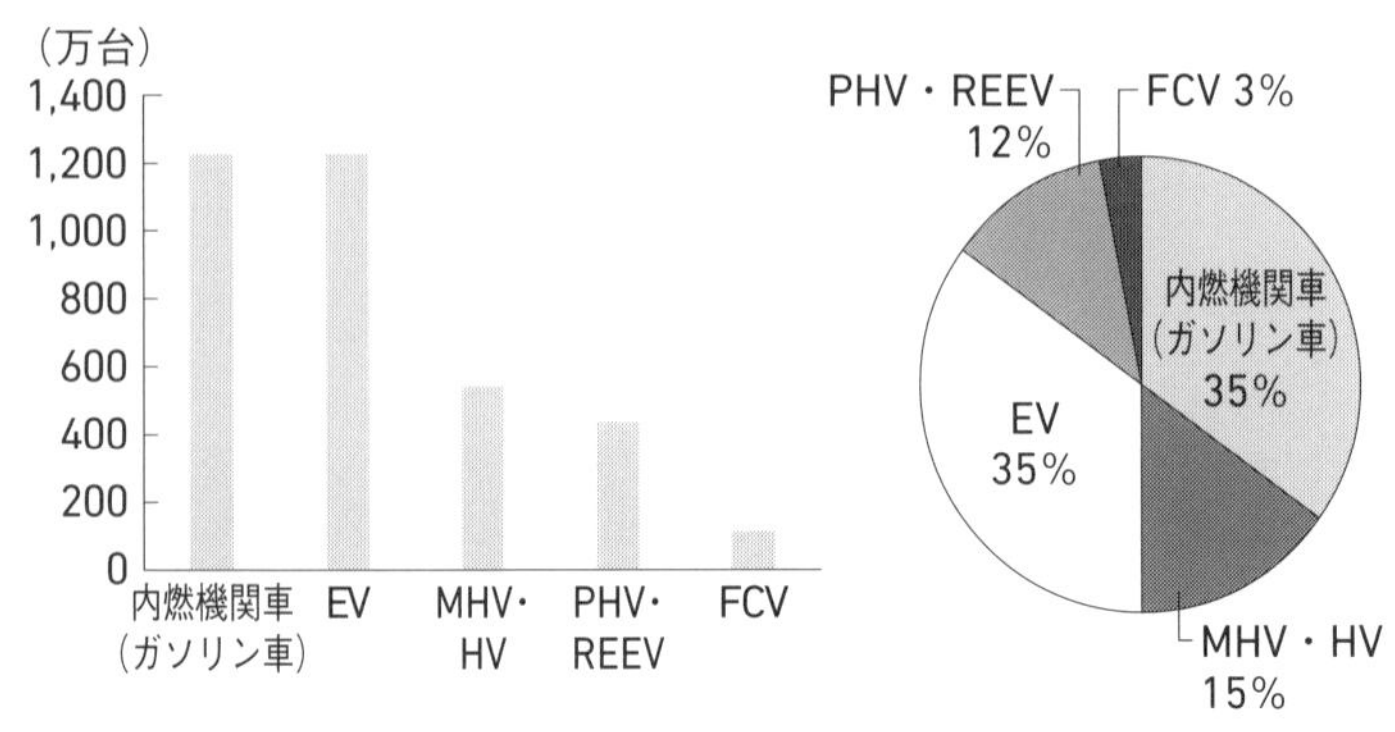

（出所）筆者作成

ガソリン車の需要が１３００万台と推定される。

モビリティサービス企業による大量購入の時代が到来し、クルマ生産においては、従業員・機械・その他のモノが互いに通信するスマート工場で、製品の製造・納品情報が共有され、仕様変更に柔軟に対応できる大規模化の生産体制が求められることになる。

自動運転、配車サービス、カーシェアリングで強みを持つ新興企業が、機能や品質面で大差のない廉価品となるクルマのコモディティ化を推進する。一方、ビッグデータを活用し、顧客それぞれのニーズに応じた最適なクルマを、最適なタイミングで提供できるメーカーが生き残るだろう。ただ、多額の設備投資の必要性や損益分岐点を勘案すれば、ＥＶ年産１００万台規模の巨大工場が必要であろう。今後、ＣＡＳＥをめぐる技術革新の下、中国自動車メーカーの間では合従連衡が進み、メガＥＶメーカーが登場すると思われる。

そのとき、メガＥＶメーカーの製品をベースとする自動車ブランド・ＭａａＳブランドのスマートカーが中国国内・海外市場を走り回る時代が来るかもしれない。

２０１８年、新車販売台数30万台以上の中国自動車グループは計14社あり、その内訳は、中央政府傘下の３社、地方政府傘下の７社、民営企業４社となっている。その他の自動車グループ30社は、いずれも生産能力が小さく地方政府の支援で生き残ってきた。業界での地位、管轄先の政治力、本社の立地条件を勘案すれば、今後、中国自動車業界では、主要５大グループ体制に絞られ、その中からメガＥＶメーカーが生まれる可能性は高いといえよう。

まず、統合の機運が高まる中国の大手国有自動車グループの一汽、東風、長安の３社の本社はそれぞれ東北地域、西部地域、中部地域に立地し、政府とのリレーションや社会的影響力で圧倒的な強さを有している。今後、「中国自動車ビッグ1」ならではの公共資源を活用し、中国全土でＭａａＳを展開する一方、既存ガソリン車工場の統廃合により、巨大なＥＶ工場を立ち上げる可能性がある。ただ、ものづくりのノウハウやプラットフォームの共通化などの生産技術においては、傘下の外資系合弁企業に頼らざるを得ないだろう。

次に、中国民族系のトップで快進撃を続ける吉利汽車、自主ブランド不振の北京汽車の2社連合だ。吉利汽車は買収したボルボと共同で開発したプラットフォーム「コンパクト・モジュラー・アーキテクチャー（ＣＭＡ）」をもとに、複数の人気車種を送り出してきた。２０１８年にはダイムラーに出資し、２０１９年には中国で合弁生産を発表した。

北京汽車は２０１８年、カナダ自動車部品大手のマグナとＥＶ合弁会社を設立し、新興ＥＶメーカーを含む幅広い顧客からＥＶの受託生産を獲得しようとしている。この試みは鴻海のビジネスモデルと重なり、中国配車サービ最大手のＤｉＤｉ向けにＥＶを供給する見込みだ。また、北京ベンツ（ダイムラーとの合弁）の収益に依存する同社は、合弁事業を強化するため、２０１９年７月にダイムラー株式５％を取得した。

今後、両社の統合が実現すれば、グループ全体の自動車生産能力は６００万台に拡大する。これは中国政府の推進する「国有企業の混合所有制改革」とも符合するものであり、吉利汽車のグローバル戦略につながる。吉利・北京汽車連合は、ダイムラーとの提携を深める一方、マグナのノウハウを活用し、ＥＶの委託生産ビジネスに参入するだろう。上記２つの統合構想は全国範囲での展開が想定されるため、地方政府と交渉する力を備える必要がある。

また、華東地域では上海市政府傘下の上海汽車が、積極的に海外事業を行う安徽省の国有自動車メーカー２社（奇瑞汽車、ＪＡＣ）を吸収する一方、ＧＭやＶＷと協働で海外展開を加速し、販売台数１０００万台クラスを目指す。華南地域では広州市政府傘下の広州汽車がＢＹＤ、衆泰汽車、福汽集団などの自動車メーカーを吸収すれば販売台数５００万台となりそうだ。また華北地域では、ジャガー・ランドローバーの買収を模索する長城汽車が、ＢＭＷと合弁でミニを生産する一方、業績低迷の華晨汽車（ＢＭＷの中国合弁相手）を吸収できれば、ＦＣＡの「ジープ」を抜き世界首位のＳＵＶメーカーとなる。

大手ＩＴ企業と５大グループの提携関係を予測してみると、バイドゥと「中国自動車ビッグ１」や長城汽車、アリババと上海汽車や吉利汽車、テンセントと広州汽車という勢力図が想定され、ファーウェイが全方位で各社に通信技術を提供するだろう。主要５大グループ以外、異業種

図表7-4　2030年の中国モビリティサービスグループ

	チャイナビッグ1	長城・華晨連合	吉利・北京汽車連合	上海汽車集団	華南汽車集団
自動車Group	中国一汽 東風汽車 長安汽車	長城汽車 華晨汽車	吉利汽車 北京汽車	上海汽車 奇瑞汽車 JAC	広州汽車 BYD 江鈴汽車
自動車生産能力	1,000万台	400万台	600万台	900万台	500万台
外資系提携先	VW･PSA･フォード･トヨタ･ホンダ･日産･マツダ･ルノー･GM	BMW･ルノー	ダイムラー･現代	VW･GM･ジャガー･ランドローバー	トヨタ･ホンダ･ダイムラー･FCA･三菱自･フォード･ルノー
プラットフォーマー	バイドゥ	アリババ	テンセント	滴滴出行	
通信業者	中国電信 China Telecom	中国移動 China Mobile	中国聯通 China Unicom	華為 HUAWEI	

（出所）筆者作成

地場メーカーのEV製造工場

（出所）筆者撮影

から参入した企業1～2グループが生き残る可能性もあるだろう。

各社の狙いがどの程度実現するかは別として、地場自動車メーカーは、政府の自動車強国戦略、電動化・スマートカーの潮流への対応に迫られることとなる。車両供給においても新技術の実用化、車両をコモディティ化させない取り組みにより、ものづくりの付加価値を確保することが依然重要であろう。その上で、ＩＴ企業と組んで大規模の製造を実現するメガＥＶメーカーが、多様なニーズに対応する低コスト・高品質の車両を供給することになるであろう。

2 中国は日本車の牙城・東南アジアを攻める

成長が見込める東南アジアの自動車市場

中国政府は企業の海外進出を促してきたが、現時点で強い国際競争力を構築できたのはスマホやパソコンなどＩＴ製品分野にとどまる。製造業の代表格である自動車の輸出台数は１００万台規模に過ぎず、中東・南米・アジア新興国に集中している。ところが国際情勢の変化に伴って、中国の自動車メーカーは海外戦略の変更を迫られている。そのなかで、東南アジアが今後も成長が見込める安定市場として位置付けられる。

２０１８年11月、米国が対イラン制裁を再発動した。中国メーカーにとってイランは最大の輸出対象国だったが、制裁によって同国経済は打撃を受け、自動車販売台数は急減した。一方、東南アジアは政治や経済が比較的安定している。特に東南アジアには華僑・華人が約３６００万人おり、世界の華僑・華人の人口の約8割を占める（中国政府の統計）。インドネシアのシナール・マス・グループやサリム・グループ、タイのチャロン・ポカパン・グループ（CP）やバンコク銀行、シンガポールとマレーシアのホンリョン・グループなどが華僑企業として知られる。中国勢が得意とする商用車やSUVは先進国市場には参入し難いものの、東南アジア市場では低価格を武器とした販売の拡大が期待される。

中国政府の広域経済圏構想である「一帯一路」の推進に伴い、東南アジアでは今後も中国企業の大規模な投資が見込まれるため、地場自動車メーカーも一斉に事業強化に乗り出している。インドネシア、タイ、マレーシアはいずれも右ハンドルだが、フィリピンやベトナムなどは中国と同じ左ハンドル。こうした国では中国勢が事業展開しやすい利点もある。

また、東南アジア主要国は投資優遇措置や物品税率の引き下げなどを実施し、意欲的なEVの普及目標を掲げている。これは中国企業にとって現地進出の大きな好機となる。

タイは2017年にEVおよび部品の生産に関する税制優遇制度を導入し、22年までに三輪タクシー「トゥクトゥク」をEVに切り替え、36年までにはEVを120万台普及させる計画（電動化率50％）だ。インドネシアは、2030年にEVに完全移行する目標を打ち出した。インドは2013年に「国家電気自動車計画（NMEM）」を発表し、2030年までに国内で販売される新車をすべてEVに切り替える計画だ。

2018年1月、東南アジア諸国連合（ASEAN）と中国が結んだ自由貿易協定（FTA）により、完成車輸入の関税は撤廃された。今後、中国自動車メーカーが比較的低価格のEVを輸出し、また現地企業と合弁生産することも予想される。

日系メーカーの牙城に挑む中国勢

ASEAN（主要6カ国）とインドの新車市場は、2018年に800万台規模に達した。日本車は2018年にインドネシアで92％、タイで86％、フィリピンで81％、インドで60％の市場シェアを占めた。いうまでもなく東南アジア・インドでは日本車が寡占状態で、世界の主要市場でも類のない高さだ。

一方、上海汽車がタイで合弁工場を新設し、浙江吉利控股集団がマレーシアのプロトン・ホールディングスに約5割出資するなど、中国勢は東南アジアの主要市場で存在感を増し、地場企業と組んで低価格を武器に日系メーカーの牙城に挑もうとしている。

上海汽車は2012年、タイの大手財閥CPグループと合弁企業を設立し、年産10万台の「MG」ブランドの組立工場を立ち上げた。また中国製のEVは、中国・ASEAN自由貿易協定（ACFTA）により非課税でタイに輸入できるため、2019年にはEV「ZS・EV」を投入し、タイで充電設備の設置を急いでいる。北汽福田汽車は2019年、CPグループと合弁でピックアップトラック、大型トラック、バス、乗用車の生産を開始した。

インドネシアでは家族や友人など大人数でのクルマの利用が多く、7人乗りのミニバンが売れ筋だ。上汽GM五菱汽車（上海汽車とGMの中国合弁企業）が、日本車より約80万円安価なミニバン「コンフェロ」を投入した。同国タクシー第2位のイーグルタクシーに供給することにより、ブランドの認知度アップを目指す。インドネシア地場企業との合弁で進出した東風小康汽車は「ＤＦＳＫ」ブランドを投入し、トヨタのＳＵＶ「Ｃ－ＨＲ」の半額程度の安さで販売の拡大を図ろうとしている。

インドでは上海汽車が２０１９年に年産能力８万台の新工場を稼働させ、運転支援システム「アイスマート」を搭載する「ＭＧ」ブランドを生産。インド人特有のアクセントに対応した音声アシストや盗難防止、オンライン地図など１００以上の機能を備えたクルマだ。また、長城汽車はインドで10億米ドル（約１１００億円）以上を投資し、２０２１～２０２２年をめどに得意とするＳＵＶやＥＶの投入を計画している。

中国自動車市場の需要低迷から、地場自動車メーカーは海外市場の開拓を余儀なくされた。欧米勢でさえ苦戦が続く東南アジア・インドでは、中国勢が現地化でコスト競争力を高め、市場にじわりと浸透している。しかし製品の品質も含めて、現地での中国車への信頼度は必ずしも高くなく、中国企業の進む道はけっして平坦なものではない。

中国政府の対外政策を追い風に、華僑の広範囲なネットワークを活用する中国企業は、積極的に東南アジア市場の開拓を行っている。ガソリン車分野では日本車と正面から戦えないため、次世代の自動車分野での中国ブランドのＥＶやスマートカーの投入が東南アジア市場の突破口となりそうだ。

3　中国による日本の自動車市場への進出開始

進出の先陣を切った家電・電子企業

ＷＴＯ加盟（２００１年）後、中国政府は積極的な外資導入路線を展開すると同時に、中国企業の海外進出を後押しする「走出去」戦略を打ち出した。資源・エネルギーおよび技術ノウハウの獲得、現地市場の開拓が主な進出目的として挙げられる。

当時、中国家電・電子産業は世界トップの生産量を誇ったものの、品質・技術の向上を急いでいた。２００２年、中国家電最大手のハイアールと三洋電機、ＴＣＬとパナソニック、ハイセンスと住友商事など、相次いで発表された日中企業の提携が、中国企業による日本本格進出の幕開けであった。２００５年には、電子部品の受託生産を行うＢＹＤ、通信機器メーカーのファーウェイ、ＩＢＭパソコン事業を買収したレノボが日本進出を果たした。

その後、リーマン・ショックを受け業績が悪化した日本企業を買収する中国企業が増加した。２００９年、ラオックスが中国家電量販店大手の蘇寧電器に買収され、２０１０年には本間ゴルフやレナウンなども相次いで中国企業の傘下に入った。自動車業界では、２００９年に寧波韵昇による日興電機（モーター）の買収、２０１０年にＢＹＤによるオギハラ館林工場（金型）の買収、２０１１年に科力遠によるパナソニックの湘南工場（ニッケル水素電池）の買収、そして２０１７年のＫＳＳ（均勝電子傘下）によるタカタ（エアバッグ）の買収などが挙げられる。

図表7-5　中国自動車関連企業の日本進出（一部）

企業名	設立	日本拠点	事業内容
BYD	2005年	ビーワイディージャパン	EVバス・IT製品の販売
JAC	2007年	JAC日本設計センター	自動車設計
環新集団	2008年	新安商事	貿易
長安汽車	2008年	長安日本設計センター	自動車設計
寧波韵昇	2009年	日興電機（買収）	モーター製造
BYD	2010年	オギハラ館林工場(買収)	金型製造
科力遠	2011年	パナソニック湘南工場(買収)	ニッケル水素電池製造
銀億集団	2016年	日本アレフ（買収）	電子部品製造
長城汽車	2016年	長城日本技研	自動車設計
科大訊飛	2016年	サインウェーブ	自動音声・AI
中信Dicastal	2016年	CDJ	自動車ホイール販売
IAT	2016年	IAT	自動車設計
寧波均勝電子	2017年	タカタ（買収）	エアバッグ
国軒高科	2017年	国軒高科日本	電池開発
CATL	2018年	CATJ	電池販売
濰柴動力	2018年	濰柴動力創新科技	部品技術開発
万豊奥特	2108年	万豊日本	自動車ホイール販売
浙江嘉利工業	2018年	嘉利日本	ランプ開発
CATARC	2018年	CATARC日本事務所	自動車規格認証
遠景集団	2019年	遠景AESC	電池生産販売
恒大集団	2019年	恒大新能源日本研究院	電池開発
華人運通	2019年	日本華人運通	自動車開発

（出所）各種報道より筆者作成

かつては日本の御家芸であった白物家電・情報通信産業、太陽光発電・液晶パネルなどの装置産業は、技術革新によりライフサイクルが短くなり、投資の回収期間も短くなった。成熟化した製品や技術分野においては商品差別化を実現しにくいため、低価格競争という消耗戦となり、最終的に事業の撤退・売却を余儀なくされたのである。

家電・パソコン業界では、パナソニックが２０１１年に子会社の三洋電機の白物家電をハイアールに売却し、東芝が２０１７年に白物家電を美的集団に、テレビ事業をハイセンスに売却した。ＮＥＣ、富士通はそれぞれ２０１１年、２０１８年にパソコン事業をレノボに売却し、東芝は２０１８年、シャープにパソコン事業を売却した。また、液晶パネル業界では、２０１６年、鴻海がシャープを買収し、２０１９年には台湾・中国企業連合のＳｕｗａコンソーシアムがジャパンディスプレイを買収した。現在、中国・台湾系企業は日本国内家電市場の２割、パソコン市場と液晶パネル市場の約４割のシェアを占めるに至っている。

試金石としての日本市場

中国経済は２０１５年から「規模と成長率から質と効率性」へ移行し、「新常態経済」の時代に突入した。国内市場の熾烈な競争を勝ち抜くため、中国企業は研究開発力やブランド力を一層向上する必要があり、海外市場の開拓も急いでいる。

日本の特許庁の統計では２０１７年、中国から日本への商標出願件数は８４６４件で、２０１４年の５倍強、特許出願件数は４１７２件で、同２倍強となった。日本の消費者は自国ブランドを信頼し、商品に対する要求が高いため、日本市場で売れるかどうかが中国企業にとって試金石となるのだ。厳しい日本市場で生き残るために、中国企業はブランド力や製品の競争力の向上を図る。

ファーウェイ、シャオミ、OPPO、VIVOの中国スマホ大手4社は揃って日本に進出した。なかでも、ファーウェイが2017年に千葉県にあるDMG森精機の工場跡地を買収し、R&D拠点を新設したことは、日本でのスマホ関連部品の生産をも視野に入れたものだ。さらに、網易（ネットイース）、完美世界（Perfect World）などの中国スマホゲーム企業10数社が日本市場に進出し、日本国内ゲーム市場で1割超のシェアを占めるようになった。音声認識首位のアイフライテック、顔認証大手のセンスタイムなどの中国AI企業も日本進出を果たした。

また日本には豊富なエンジニアやデザイナーが存在する。層の厚いものづくりの技術蓄積が多くの中国企業を惹きつけており、中国における人件費の上昇に伴い、エンジニアに対する日本の人件費の割高感も薄れている。自動車業界における進出では、新横浜に研究開発拠点を設けた長安汽車や長城汽車をはじめ、中国自動車部品最大手の濰柴動力、アルミホイル大手の中信ダイカスタルや万豊奥威、EV電池中国第1位のCATLや第3位の国軒高科、新興EVメーカーの華人運通、車載電子機器大手の徳賽西威、自動車ランプメーカーの浙江嘉利工業、自動車設計のIAT、不動産中国最大手の恒大集団（自動車事業）などが挙げられる。

これまで中国企業は、政治リスクを抱える日本への進出を躊躇してきたが、2017年秋以降、日本への進出の動きは顕著になり、さらに18年の李克強総理の訪日を契機にその数が急増した。また、日本国内の産業空洞化が懸念されている昨今、横浜や川崎など一部の地方都市が経済活性化を狙い、中国企業の進出支援に取り組んでいる。今後、中国企業にとっては、日本市場の魅力は一層増していくといえる。

日本で新しいビジネスを狙う

中国のキャッシュレス化は日本よりはるかに先行している。中国では、アリペイとウィーチャットペイを合わせて延べ13億人を超えるユーザーが、日々の消費でスマホ決済を利用している。スマホ決済そのものも進化し、指紋認証時代を経て顔認証時代に突入している。２０１８年の中国人訪日客数は５年前の約６倍となる８００万人を突破し、訪日の目的も日本商品の「爆買い」から「コト」の消費に変化した。日本の小売・サービス企業がモバイル決済を導入し、中国人訪日客の消費を取り込んでいる。

スマホの普及に伴い、モバイル決済をはじめ、配車サービス、シェアサイクルといったニューエコノミー分野では、中国企業発のビジネスモデルを日本企業に波及できれば、これまでにない新しい風を日本社会に吹き込むことが期待できる。

シェアサイクルは既存の公共交通機関ではカバーできなかった地域のアクセスを改善するサービスとして注目を集める。中国シェアサイクル最大手のモバイクは、２０１７年に札幌市・福岡市、18年には神奈川県・奈良市でサービスを展開している。

また世界で５万台のＥＶバスの販売実績を積み重ねてきたＢＹＤは、破壊的戦略で日本のバス市場を変えようとしている。日本では、路線バス約6万台のうち、国産EVバスはわずか20台にも満たず、航続距離、充電時間・充電インフラ、車両価格が普及のネックとなっている。

一方、BYDは沖縄県のクルーズ船客送迎用に大型バス、京都府・岩手県・福島県の路線バスなど、すでにEVバス23台を日本のバス会社に納入した。2020年には小型ノンステップEVバスJ6を日本市場に投入し、24年までに1000台を販売する計画だ。

中国深圳工場で生産するJ6は、定員25〜31人、3時間のフル充電で200キロメートル以上の走行が可能となる。国土交通省のEV補助金制度を利用すれば、販売価格は約1300万円、日野自動車のディーゼル小型バス「ポンチョ」(1643万円)より2割安い。「日本で販売価格を限界まで抑え、交通弱者対策としての地方コミュニティバスで利用してほしい」とビーワイディージャパンの劉学亮社長は期待している。

DiDiとソフトバンクの合弁会社であるDiDiモビリティジャパンは、2019年に東京と京都でタクシー配車サービスを開始した。日本では、ウーバーが2013年に日本法人を立ち上げたものの、タクシー事業者の反発もあり、ライドシェアが認められていない。現在、タクシーの配車サービスではジャパンタクシーが全国展開し、ウーバーも第一交通産業などタクシー大手と提携している。遅れて進出したDiDiは2018年9月に日本でタクシーの配車サービスを開始し、自社ノウハウとスマホ決済機能を掲げて巻き返しを図る。また中国で使っているスマホアプリを日本でも利用でき、年間約800万人以上訪れる中国人観光客をターゲットとすることが可能なため、日本のタクシー事業者にとっても魅力的なプラットフォームだ。

上海の無人コンビニエンスストア

深圳保税区内の自動運転バス

（出所）筆者撮影

同社のサービスはこれまで大阪府でのみ利用可能だったが、２０１９年度内に北海道・兵庫県・福岡県など10都市でサービスを開始し、特に訪日客による需要の高い地域で、先行するジャパンタクシーを追いかける。今後、ＤｉＤｉが日本で事業展開するためには、パートナーとなる各地のタクシー事業者とスムーズに提携できるかがカギとなる。

中国人によるインバウンド需要を背景に、シェアリングエコノミーを含む新しいサービス関連企業が相次いで進出し、世界で最も難しいといわれる日本モビリティサービス市場に風穴を開けつつある。こうした観光客の帰国後のリピート買いや知人や友人への紹介が越境ＥＣビジネスを活発化させることから、アリババや京東など大手ＩＴ企業は日本企業に中国ネットショップへの新規出店を呼びかけている。

少子高齢化が進む日本では、地方における公共交通網が整備されていないため、交通弱者が増加し、特定地域・ルートにおける自動運転・モビリティサービスの受容性も高まる。こうした地域性が強いサービスは市場競争の原理ではなく、消費者ニーズに応じたサービスを提供し続ける必要がある。クルマの役割や付加価値を再定義し、社会交通システムの現状を踏まえ、他領域との連携で新価値を創出するのだ。異業種企業の参入が進む一方、CASEに関連するビジネスは自動車業界に限らずこれまでに例のないほど広範囲に拡大し、関連部品・素材の需要増が見込まれる。

2019年7月、CATLは太陽光発電設備施工のネクストエナジー・アンド・リソースと提携し、日本で住宅・産業向けに低価格の蓄電池を2020年に発売する予定。2019年11月から太陽光発電の固定買い取り制度の期間が順次終わるため、各家庭では太陽光で作った電力を外部販売から自家消費に切り替えるケースが増える見込みだ。CATLが電池セルなどの部材を供給して組み立てはネクストエナジーが行い、高価格がネックだった蓄電池で価格破壊を起こし、市場を取り込む。

2030年、モバイル決済や越境ECなどインターネットを介するサービス・商習慣が、中国と日本だけではなく東アジア地域に波及し、国境を越える大きな経済圏が形成される。また、CASEの進展に伴い、中国企業がさまざまな形態で日本に上陸し、AI、ビッグデータなど最新技術を活用するビジネスで日本市場に浸透していくだろう。ただ、現時点では中国企業の日本での乗用車販売は道のりが険しい。しかし今後、中国製のEVや中華系のEVが日本で走る時代が来るかもしれない。

第8章 日本企業はEV革命の荒波を乗り越えられるか

1 日本車の中国市場巻き返しがなる日

日系自動車ビッグ3の中国展開20年

日系自動車メーカーは、1980年代に地場企業に対する技術供与の形で中国事業をスタートした。ホンダは1990年代に中国で二輪車の合弁事業を開始し、98年には広州汽車との合弁で広州ホンダを設立する。これは日系自動車メーカーの本格的な対中進出の幕開けである。2003年には東風汽車と合弁で東風ホンダを立ち上げた。

トヨタは2003年に中国一汽と合弁で天津一汽トヨタを設立し、中国市場に大きな一歩を踏み出した。2004年には広州汽車と合弁で広汽トヨタを設立し、中国での2社合弁体制はようやく整えられた。日産は1993年に河南省鄭州で小型ピックアップトラック生産の合弁事業を

図表8-1　中国乗用車市場における各国のシェア

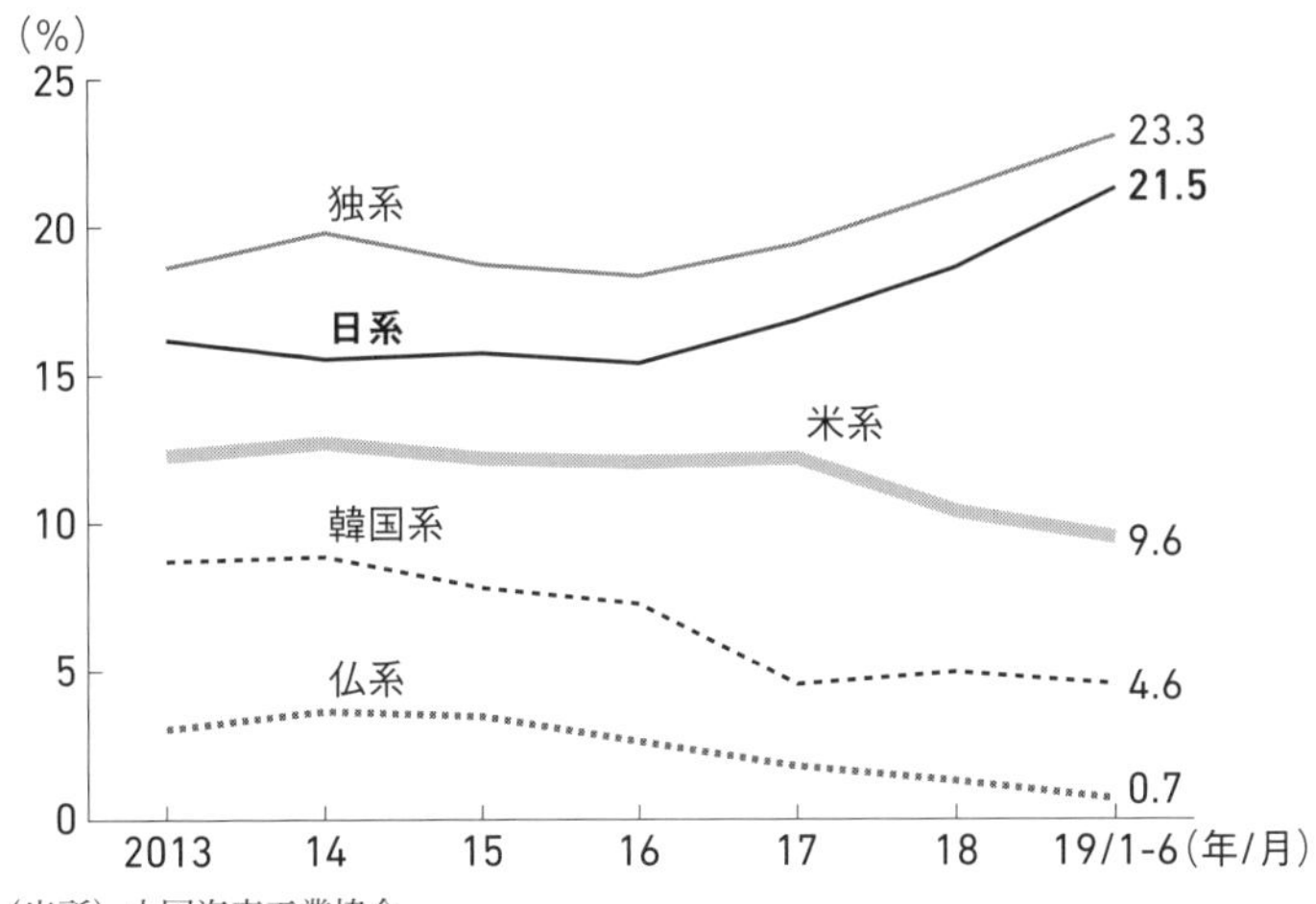

（出所）中国汽車工業協会

開始した。２００３年には東風汽車と合弁で東風汽車有限公司を設立し、本格的に中国展開をスタートさせた。

日系自動車メーカーは高品質、低燃費などの特徴を武器に強い競争力をつけ、２００８年には中国乗用車市場31・２％のシェアで先発組のドイツ勢を抑えて、最大の勢力となった。

しかしながらリーマン・ショック以降、中国政府が実施した内需拡大策に応じて、欧米系自動車メーカーはいち早くモデルチェンジや新車種の投入を行ったのに対し、日系自動車メーカーは市場戦略の転換が遅れ、小型車の販売拡大を実現できなかった。また、尖閣諸島をめぐる日中関係の悪化などを受け、日系自動車ビッグ３の販売台数は２０１２年にいずれも３〜５％減となった。

近年、日系自動車メーカーは中国で新車投

入や中国仕様車の開発などを通して、消費者ニーズにきめ細かく対応するマーケット戦略を打ち出し、着実に製品競争力を高めている。日本車の中国乗用車市場シェアは２０１８年に18・８％と、尖閣諸島問題で関係が悪化する以前の水準に回復し、２０１９年１～６月には21・５％の市場シェアを見せ、直近10年間で最も高い実績を示した。

日本車好調の要因

中国では欧米系企業に比べて日系企業の事業基盤は弱い。特に近年は政治的に不安定な日中関係を受け、一部の消費者が日本車を敬遠する事態も起きている。マスコミの過剰報道により民族主義が台頭しやすいことが懸念され、日系自動車メーカーは積極的な販売施策を展開しにくい面もあった。

しかし日本車の直近3年間の販売台数は市場平均を上回り、各年とも前年比約10％の伸びを見せ、２０１８年には過去最高の約５００万台となった。日本車販売好調の要因は何であろうか。

１つ目の要因として挙げられるのは、クルマの優劣を客観的に判断する消費者が増えたことだ。中国では、中間所得層や高所得層の広がりにより、消費対象が「モノ」から「コト」へ変化し、ブーム追随から自分に合ったものを選ぶことを追求するなど、消費に対する意識が変わってきている。クルマも単なる消費財（手に入れたいもの）ではなく、趣味や嗜好が反映されるものに変化している。中国で日本車は、軽量ボディで衝突に弱いなどの安全性の問題やパワートレイン技術投入の遅れなどにより、欧米系ブランド車とのイメージギャップに長年苦しめられてきたが、ここにきてクルマの機能性や省エネ性能が評価されるようになってきた。

「安価な外資系ブランド車」であることを武器に差別化を図り中国乗用車市場で上位を確保してきた韓国系の北京現代（現代自動車と北京汽車の合弁企業）、欧州車のデザイン性やコンセプトをアピールしてきた仏系の神龍汽車（PSAと東風汽車の合弁企業）は、中国人消費者の嗜好の変化や中国地場ブランド車の品質向上などを受け、苦戦を余儀なくされている。すなわち、クルマ消費の高度化に伴い、「日本車ファン」を増やす環境が整ってきたといえよう。

2つ目の要因は、1つのプラットフォームを共用し、部品ユニットのグルーピング開発に加え、多数の車種を製造することによって開発コスト・部品調達コスト削減を図れたことである。

近年、日系自動車メーカーは、これまでの車種別プラットフォーム生産から、車種の枠組みを超えた大規模な部品共通化戦略による生産へ切り替えようとしている。例えば日産・ルノーアライアンスのプラットフォームCMF（コモン・モジュール・ファミリー）では、車体の構造を大きく、エンジンルーム、コックピット、サスペンション周辺の前部、車体重量を支える後部の4つのモジュールと電子制御という「4＋1ビッグモジュール」に分け、車種や車格の壁を越えて共通化したモジュールの組み合わせによるクルマ作りが特徴である。同プラットフォームから生まれた「エクストレイル」「キャッシュカイ」が中国SUV市場で人気を集めている。

一方、トヨタも2019年4月にTNGA（トヨタ・ニュー・グローバル・アーキテクチャー）プラットフォームを採用した初の中国産SUV「C－HR」と「イゾア」を発表。このように、車種等に関係なく、部品種類ごとの発注量を増やすことにより最終的に部品仕入コストをダウン

中国で好調な広汽トヨタ「Levin」（左）、東風日産「シルフィ」（右）

（出所）筆者撮影

させる戦略は、日本車の価格競争力を支えているといえる。

３つ目の要因は、設計を現地化することで「スター車種」を作り出したことである。日産は北京にデザインセンターを設け、「モダン・スポーティ感覚・クール」を基本コンセプトに、ロングホイールベース、大きなフロントグリルを採用。中国人の好みに合ったデザイン志向を開発に取り入れ、特にクルマの個性を重視する若年層の取り込みに成功した。

トヨタは２０１５年に現地で開発・生産した新型ＨＶ「Corolla」「Levin」を市場に投入し、高いコストパフォーマンスで中国ＨＶの市場シェア74%を占めている。「シルフィ」と「カローラ」の２０１８年の販売台数が、それぞれ現地法人の東風日産全体の41%、一汽トヨタの同52%を占めている事実から、スター車種の存在は戦略上不可欠といえよう。

日系自動車メーカーが中国で勝利する条件

２０１８年5月、中国の李克強総理がトヨタの北海道苫小牧市にある生産拠点を視察した。これを契機に豊田章男社長は、自社技術の先進性をアピールしながら欧米他社に出遅れた中国

北京天安門広場に掲げられた中国と日本の国旗（2018年10月）

（出所）筆者撮影

事業に積極姿勢を示し始めた。

日中関係に復調の気配があるなか、トヨタ、日産、ホンダの日系自動車ビッグ３は中国を最重要市場に位置付け、生産能力を倍増させる強気の計画を発表した。２０２３年には日系自動車ビッグ３の中国での生産能力は、現在の２倍にあたる６６０万台に上り、欧米勢を凌駕する計画だ。

日系自動車メーカーが中国事業に本腰を入れれば、中国での販売台数は間違いなく伸長するだろう。しかしそこには期待とともに３つの条件が浮かび上がる。

１つ目の条件は、中国のＮＥＶシフト動向に対応した生産・販売体制の確立だ。

中国では「燃費規制およびＮＥＶ規制」の２つの規制が併存中である。すなわち、ガソリン車の低燃費化が強く求められていると同時に、２０１９年からは一定の割合でのＮＥＶ生産が義務付けられている。

日産が２０１８年９月に発売した「シルフィ・ゼロエミッション」は、日産ブランドとして初めての中国

図表8-2　中国における日本自動車ビッグ3の生産能力（2018年）

グループ	拠点	所在地	生産能力（万台）
トヨタ	一汽トヨタ天津第1工場	天津市	12
	一汽トヨタ天津第2工場	天津市	15
	一汽トヨタ天津第3工場	天津市	24.2
	一汽トヨタ成都工場	四川省成都市	5
	一汽トヨタ長春第1工場	吉林省長春市	1
	一汽トヨタ長春第2工場	吉林省長春市	10
	広汽トヨタ第1工場	広東省広州市	19
	広汽トヨタ第2工場	広東省広州市	19
	広汽トヨタ第3工場	広東省広州市	22
ホンダ	広汽ホンダ黄浦工場	広東省広州市	24
	広汽ホンダ増城工場	広東省増城市	24
	広汽ホンダ第3工場	広東省増城市	24
	広汽ホンダ新エネ車工場	広東省増城市	17（建設中）
	東風ホンダ第1工場	湖北省武漢市	24
	東風ホンダ第2工場	湖北省武漢市	24
	東風ホンダ第3工場	湖北省武漢市	24
	ホンダ中国	広東省広州市	5
日産	東風日産襄陽工場	湖北省襄陽市	18
	東風日産花都第1工場	広東省広州市	36
	東風日産花都第2工場	広東省広州市	24
	東風日産鄭州工場	河南省鄭州市	40
	鄭州日産中牟工場	河南省鄭州市	18
	東風日産大連工場	遼寧省大連市	30
	東風日産常州工場	江蘇省常州市	12（建設中）

（出所）各社公開資料

生産のEVである。トヨタが2019年に投入した「カローラE＋」は、トヨタが中国生産する初のPHVとなり、2020年にはC－HREVを含む10車種の投入でNEV規制をクリアしようとしている。

また、日系自動車メーカー各社はガソリン車種のNEVモデルに加え、EV専用プラットフォームの開発にも取り込んでいる。しかし一方で、EVの基幹部品である電池の調達を検討したとき、中国現地で電池を生産するパナソニック1社だけでは日本車の需要をまかないきれず、地場電池メーカーからの調達は避けて通れない。今後、中国における低コスト・高品質の電池の奪い合いが起きることは必至であり、電池の安定調達を含めたEVの差別化は日系メーカーの課題となるだろう。

2つ目は、中国のスマートカー開発の急加速だ。中国政府は地場企業に大量の路面データを収集した高精度地図のライセンスを供与する一方、安全保障上の懸念を理由に外資系企業の参入を厳しく制限している。日系企業が中国でスマートカーを開発するには、地図データなどの分野で業種をまたいだ連携を模索する必要があるのは自明であろう。

スマートカー開発で先行した中国新興EVメーカーはIT・ソフトウェア技術の面で強みを持っているものの、ものづくりのすり合わせ技術や基盤技術では日本企業に後れを取っている。日系自動車メーカーがこうした新興EVメーカーとアライアンス等を組めば、中国の政策動向、技術トレンドをいち早くキャッチできるだけでなく、インターネット技術とクルマが融合し、消費者データを利用するマーケティング手法やモビリティビジネスに活用できる。すでにトヨタは、

２０１９年４月、中国新興ＥＶメーカーの奇点汽車に電動化技術を販売することを発表し、日産は中国新興ＥＶメーカーへの出資を模索している模様だ。

３つ目は、華南地域に根ざした事業戦略だ。

中国華南地域の中心となる広東省には古くから、外資系企業の進出と香港の金融・物流のサポート機能、さらに豊富な労働力を原資として分厚い産業集積が形成されたことにより、低コストで部品の調達ができるようになった。現在、日系自動車メーカーをはじめ、多くの一次サプライヤーや、それらに追随する二次・三次サプライヤーの進出により、広州では日系自動車メーカータウンが形成されている。今後、広東、香港、マカオを一体化する中国のベイエリアの発展構想は、ニューヨーク、東京に匹敵する経済圏となり、南中国のゲートウェイとして陸と海からメコン地域やアジア全域へアクセスしやすい地理的優位性を発揮するに至る。

日本企業としては、多岐にわたる日系サプライチェーンによってすでに整備されており、そもそも外資系企業をスムーズに受け入れる傾向にある華南地域を、中長期的な牙城として位置付けるべきであろう。

新境地を開く２枚のカード

日本企業が中国でＮＥＶを欧州企業に対抗するカードとするためには、まずは全固体電池を搭載したＥＶを作ることである。

全固体電池の特許出願件数を見ると、世界全体の５割超を占める日本が研究開発の面で他国に大きく先行している。しかしながら、他国企業も政府の後押しを受けて急速に追い上げている状況だ。

米国では、高級EVメーカーのカルマ・オートモーティブが2017年に新型全固体電池技術を開発し、2022〜23年に量産を目指す。米エネルギー省（DOE）が2016年に全固体電池を対象とした研究開発プロジェクト「IONICS」を発足し、多くのベンチャー企業が次世代電池技術の開発に参入した。特に研究開発力が高いベンチャー企業に対し、日本を含む世界の自動車メーカーや電池メーカーから出資が相次いでいる。

米イオニックマテリアルズ（Ionic Materials）は、ルノー・日産連合、韓国サムスン、英ダイソンといった海外大手企業から出資を受け、さらには米ソリッドエナジーシステムズ（SolidEnergy Systems／マサチューセッツ工科大学発ベンチャー）、米GMベンチャーズなどからも出資を受けた。また、BMWはソリッドパワー（Solid Power／米コロラド大学発ベンチャー）と提携し、2017年末に固体電池の開発を開始した。VWは米クアンタムスケープ（QuantumScape／スタンフォード大学発ベンチャー）に出資し、2025年に固体電池の実用化を目指す。

アジア地域でも動きは活発である。韓国エネルギー技術評価院（KETEP）が2012年に策定した「EV用エネルギー貯蔵システムロードマップ」において全固体電池がコア技術として掲げられ、政府予算による研究開発が大学・研究機関で行われている。2018年末、韓国の大手電池3社は共同で投資ファンドを立ち上げ、23年までに固体電池開発に計2・4兆円を投資すると発表した。

またCATLやBYDをはじめ、中国企業も全固体電池への資金投入を図り、産官学連携で早期開発を急いでいる。地場セパレーターメーカーの清陶能源は2018年に全固体電池ラインを立ち上げ、2020年に年産0・7ギガワット時規模を目指すと発表した。

一方で日本では、2018年6月に、新エネルギー・産業技術総合開発機構（NEDO）が日本企業23社が参画する全固体電池の開発プロジェクトを発足させ、2022年度までに全固体電池の基盤技術を確立し、2030年頃には電池パックのエネルギー密度を現在の3倍の600ワット時毎キログラム、コストが3分の1に低減することを目指す。

オールジャパンの力でいち早く全固体電池の実用化が実現できれば、世界のNEV市場に大きな変化をもたらす。逆に、実用化が2030年頃になってしまうと、三元系電池のエネルギー密度や安全性が全固体電池に遜色ないレベルに到達し、中国企業は大量生産によるコストダウンを実現する。そうなると、全固体電池は技術面と採算面の双方で劣勢となる可能性があり、最終的に日本企業は車載電池分野から蓄電分野へシフトせざるを得ないだろう。

2枚目のカードは、日本企業が得意とするFCVを普及させることだ。

クルマそのもののCO_2排出量という「燃料タンクから車輪（Tank to Wheel）」の考え方では、排ガスのないEVの優位性が注目される。しかし、「油田から車輪へ（Well to Wheel）」の議論に沿えば、電気を作る手段が原油・石炭・天然ガスの燃焼によるもので、その発電時と発生したCO_2量でEVとエンジン車に大差はなくなる。水素を水の電気分解で作るFCVがやはり

図表8-3　固体電池の実用化目標

	2025年 普及モデル		2030年 普及モデル	
蓄電池種別	第1世代全固体電池		次世代全固定電池	
車両種別	EV	PHV	EV	PHV
電動走行距離	400 キロメートル	200 キロメートル	480 キロメートル	240 キロメートル
車両価格	200万～220万円		180万～200万円	
電池パック 容量	40キロワット時	20キロワット時	40キロワット時	20キロワット時
電池パック コスト	60万円	30万円	40万円	20万円
充電時間 （普通充電）	6時間	3時間	6時間	3時間
充電時間 （急速充電）	20分	10分	20分	10分

（出所）NEDO発表

究極のエコカーであると、実は中国自動車業界でも広く認識されている。

中国政府が発表した「省エネ・ＮＥＶ技術ロードマップ（２０１６年）」では、２０２５年までにＦＣＶの普及規模を５万台へ、水素ステーションを３００カ所に増加させ、２０３０年にはそれぞれ１００万台規模、１０００カ所以上まで拡大、整備することが目標として掲げられている。

現在、多くの地方政府は国の補助金政策に加え、ＦＣＶの生産や水素ステーションの整備を対象とした補助金政策を打ち出し、ＦＣＶの普及に向けたインフラ整備を着々と進めている。広東省佛山市は２０１７年９月、中国初の商用水素ステーションを立ち上げ、19年にはＦＣＶ路線バス２０００台を投入し、水素ステーション30カ所を建設予定。上海市では２０１８年に同市初のＦＣＶ路線バス「嘉定114路」が運行を開始し、25年までに水素ステーションを50カ所建設し、FCV乗用車を2万台以上普及させると計画。中国ではEVに対する補助金支給が2020年までに打ち切られる方針だが、FCVに対しては補助金支給が継続される見込みだ。

ちなみにFCVはEVの次の世代の主力に位置付けられており、このFCVの開発についてもメーカー各社はしのぎを削っている。2018年、国家能源集団、国家電網、中国一汽、東風汽車など、大手国有企業を中心とした水素燃料電池産業連盟が設立された。地場自動車部品最大手の濰柴動力は、英 Ceres Power の株式を20%、カナダ Ballard Power Systems の株式を19・9%取得し、燃料電池事業に力を入れている。

2018年末時点で、中国のFCV保有台数は2749台、水素ステーションは19カ所にとどまり、FCV生産台数は1527台に過ぎない。水素ステーションの整備ならびに運営コストが高いこと、関連政策や規制手続きが不明確なことなどは、FCV普及の現時点でのネックである。また燃料電池の主要材料であるプロトン交換膜、触媒、気体拡散層などを輸入に依存し、中国におけるFCV産業サプライチェーンの整備は現状、容易ではない。

そこで2019年3月には、李克強総理が「ボアオ・アジアフォーラム」で、トヨタの内山田竹志会長にFCV分野で日本との協力を強化したい意向を示した。その後、トヨタは北汽福田汽車、中国一汽、金竜連合汽車向けにFCV部品を供給すると発表し、地場自動車大手との提携を拡大した。また、清華大学とFCVの共同研究を行い、マイクロバス「コースター」FCVモデルの中国導入も視野に入れている。

トヨタは江蘇省常熟市の研究開発拠点に水素ステーションを設け、2017年末からFCV「MIRAI（ミライ）」による実証実験を開始した。今後は実験対象を商用車にも広げ、中国でのFCV導入の可能性を探るとしている。

水素は電気に比べ容易に蓄電できるため、中国政府は、エネルギー利用の1つの選択肢として水素利用の検討を進めている。日本にはFCV普及を後押しする環境が整備されておらず、むしろ欧米の方がFCV商用車分野で実用化が進んでいる。ただし日本企業が持っている水素製造技術、FCV技術および関連特許は世界屈指のレベルだ。今後、中国でFCVが計画通りに伸びていけば、日本企業は新境地を開くかもしれない。

2 「ケイレツ」崩壊下にある日系サプライヤー

「ケイレツ」崩壊の2つの危機

日本自動車産業の就業人口は534万人、その生産額は約60兆円である。規模だけではなく裾野産業の広さにも特徴がある。鉄鋼、プラスチック、ゴム、電子部品、それを作る材料に至るまで、自動車生産の波及効果は極めて大きい。

世界の自動車業界に大きなうねりが巻き起こっている電動化（EV化）と自動運転化により、自動車メーカーを頂点とした従来のピラミッドが崩壊するとしたら、それは多くのサプライヤーに悪影響を与え、日本の製造業が憂き目を見ることになる。エンジン部品の不要、EV化による調達方針の変化が喫緊の主な危機として挙げられる。

ガソリン車で主要部分を占めていたエンジンやトランスミッションがＥＶ化で不要になると、部品点数は約４割減る。自動車メーカーと「ケイレツ」サプライヤーからなる業界構造を、根底から覆すことが予想される。

今後、モジュール化の設計により部品間の高度なすり合わせ要素が薄まると、日本の自動車産業で競争力の源泉となっていた「ケイレツ」の強みを活かせなくなる。またＥＶ需要が増加すれば技術革新が行われ、ＣＡＳＥ分野への投資増加が既存業界に打撃を与えるだろう。

２つ目の危機は、ＥＶ化により新たな産業構造が形成される一方、既存の産業構造は調達システムの変化に伴い緩やかに縮退していくことだ。日系自動車メーカーは基幹ユニットとしてのパワートレインを原則として自社で内製し、サプライヤーが各日系自動車メーカーの仕様図に応じた設計・開発を実施する。これに対してボッシュ、ＴＲＷなどの欧米系の大手サプライヤーは、積み重ねた特定分野の技術で独自に部品の設計・開発を行うことにより、複数の自動車メーカーに部品を納入している。

一方、ＥＶやスマートカー分野では、単品ではなく、さまざまな部品をまとめ「システム」として提案することが要求される。これは欧米系サプライヤーの得意分野で、従来のピラミッド構造下の日系サプライヤーは部品システムを一括開発・生産する力は弱い。自動車のモジュール化が一層加速すると、生産規模が小さいサプライヤーが特に厳しい競争環境に直面すると予測される。

変革を迫られる日系サプライヤー

これまで世界で強い競争力を構築してきた日本の自動車産業は、ＥＶシフトに向けて、消費者に訴求する差別化要素に経営資源を振り向けることが重要となる。日系サプライヤーは、長期的に減少するガソリン車関連部品と、増えるＥＶ関連部品のバランスを取り、異業種企業との協業を図る必要がある。今後は次の３つの戦略を中心に、事業の方向性を検討すべきであろう。

①残存者利益を最後まで享受する戦略

自動車メーカーの戦略の変化により、サプライヤーの事業環境は大きく変わる。ガソリン車部品ではサプライヤーがコア事業に特化し、ガソリン車がピークアウトする前に、収益の最大化の実現を狙うことだ。マグナは、欧州トランスミッションメーカーのゲトラグを買収したことにより、電動パワートレインシステムを製品化するだけではなく、今後、需要減少が見込まれるトランスミッション事業でも残存者利益を享受し得る。アイシン・エィ・ダブリュは広州汽車と吉利汽車とそれぞれトランスミッションの合弁企業を設立し、５年以内での投資回収を図る。

②ＥＶ関連事業を強化する戦略

クルマの電動化に伴って車両の新しい機能の大半に電子制御部品や電動部品が関わり、車載電池、駆動モーターといった新たな部品が必要となる。今後、「ケイレツ」を超えた部品調達やプラットフォームの共通化が進み、サプライヤーにとっては、さらなる開発のオープン化や部品原価の低下が強まる。

③企業の統合・再編を通じてサプライヤー自身が強大化する戦略

ＥＶ部品では先行開発・投資のコストが高く、かつ回収サイクルも長いため、サプライヤーは長期戦が求められる。このようななか、ＥＶシフトに関わる事業の買収を繰り返すことでメガサプライヤー化を目指す企業は少なくない。またメガサプライヤーはＩＴ・半導体企業と提携し、モビリティサービス分野のプラットフォーマーになることを目指す。

これまで自動車部品業界の企業買収では、非注力事業の整理と注力事業の強化が行われてきた。次世代技術への取り組みが広がるなかで、サプライヤーは自社の強みと弱みを見極めながら、能動的に事業ポートフォリオを入れ替えていく必要がある。

２０１８年の世界自動車部品ランキングでは、トップのボッシュをはじめ、デンソー、マグナ、独ＺＦなどのメガサプライヤーが、次世代のモビリティ社会に向けて企業買収を先行して行っている。メガサプライヤーの動きが自動車部品業界に「ケイレツ」を超えた再編の風を吹き込んでいる。

カルソニックカンセイは、日産の「ケイレツ」解体の流れにより、２０１７年に米投資ファンドＫＫＲの傘下に入った。２０１９年にはマニエッティ・マレリ（ＦＣＡの自動車部品部門）の買収により、新たな販路や調達先の獲得を果たした。また、日本初のカーラジオ・カーステレオを開発・発売した車載音響メーカーのクラリオンは２００６年に日立製作所の子会社となり、２０１９年には仏フォルシアの傘下に入った。

トヨタ系サプライヤーが得意分野を活かし、連動する動きも見られた。デンソーは２０１７

年、トヨタやマツダと共同で、EVの基盤技術開発を行うEV C. A. Spiritを設立し、その後、ダイハツ工業・日野・SUBARU・スズキ・いすゞ自動車・ヤマハ発動機が参画した。2018年にアイシン精機と共同でEV向け製品開発・販売会社を設立、2019年にはデンソー、アイシン精機、ジェイテクト、アドヴィックスの4社で自動運転技術開発の合弁会社を立ち上げた。

帝国データバンクの調べによると、トヨタグループ（主要関連会社・子会社計16社）の一次サプライヤーは6091社、二次サプライヤーは3万2572社であり、そのうち、「受託開発ソフトウェア」関連企業が最も多く、業種別企業数でトップとなった。トヨタの次世代車シフトが、従来は欠けていたソフトウェア開発などの異業種、ベンチャー企業にとって新たなビジネスチャンスとなりそうだ。

日系サプライヤーの中国戦略

日本での国内需要の減少に伴い、自動車メーカーの海外生産が拡大しており、主要12社の海外生産比率は2018年に67%となった。自動車の需要地で生産する「地産地消」は業界の共通戦略であるため、その部品も海外生産が求められる。現在、日系自動車部品メーカーの生産拠点は主にアジアに集中しており、特に中国が多く、海外拠点全体の27%を占めている。

日系一次サプライヤーは、「ケイレツ」メーカーとして自動車メーカーに追随し、その後、二次・三次サプライヤーが相次いで中国進出を果たした。日系自動車メーカーが立地する広州・天津・武漢、協力企業（裾野関連）が集積する上海・蘇州周辺地域が主な進出地域である。

ここまで概観してきた中国のＥＶシフト動向ならびに日系自動車メーカーのビジネス環境を鑑みると、中国に進出している日系サプライヤーは、次の可能性を念頭に入れつつ、現地の事情に即した戦略を策定する必要があるだろう。

１つ目は、日系以外の自動車メーカー向けの販売を強化することだ。

現在、日系サプライヤーは、日系自動車メーカーを中心に、日系車同士の「ケイレツ」を超えた全方位の取引を図っている。しかし、今後、地場サプライヤーの台頭や欧米系サプライヤーの拡張等が日系サプライヤーの事業にマイナスの影響をもたらすことが懸念される。さらにはプラットフォームの共通化戦略を実施する日系自動車メーカーが、部品コスト削減の相当分を一次サプライヤーに転嫁し、それが二次以下のサプライヤーの業績圧迫につながるリスクもある。

現在中国では、日本車マーケットは約５００万台規模、それに対し日本車以外のマーケットが２０００万台強となる。事業規模維持・拡大の観点から、非日系車マーケットは新たな販売先（顧客）として多くの日系サプライヤーから関心を寄せられている。なお、筆者の調査によれば、企業形態や市場環境によって、非日系自動車メーカーの日系部品サプライヤーに対する関心度合いは異なっており、特に欧米系高級車メーカーの調達条件は厳しいものとなっている。

２つ目は、徹底的な現地化戦略の実施だ。

上記の非日系車マーケットの開拓を実現するためには、徹底的な現地化戦略が欠かせない。現在、多くの日系サプライヤーは、外注部品の内製化や部材の現地調達を進めている。今後、日系サプライヤーが中国ビジネスを拡大させるためには、部材調達や生産工程を含むコスト管理を一層厳しくする必要がある。

高品質かつ低価格の部品を非日系完成車メーカーに納入できれば、価格競争力の向上から日系自動車メーカーへの納入拡大も可能となる。また、生産能力の増強や現地調達率の拡大だけでは限界があり、現地市場に対応した商品の開発を強化するなど、生産工程以外の面でも現地化を検討する必要がある。

3つ目は、中国地場メーカーのと提携だ。

中国地場自動車メーカーやサプライヤーと提携し、資本・技術面でのアライアンスを軸に事業を展開するという方法が考えられる。地場サプライヤーの技術向上ニーズと自動車メーカーの高品質部品ニーズが、日系サプライヤーの商機につながる。特に潜在力を持つ地場企業に出資し、その企業の生産能力、販売ルート、物流システムを活用することが考えられる。

今後、日系サプライヤーは、中国ビジネスのリスクを考慮した上で非日系を含む他社と連携して、モジュール部品事業（自社の製品と日系他社の製品の組み合わせ）へと転換し、非日系納入先向けの提案力の向上も図っていく必要がある。

特にEVシフトにより、これまでのピラミッドの中から日系サプライヤーが抜け出して、中国地場企業と提携することも可能になり、独立系の部品メーカーであっても、飛び込んでいく形で中国企業と取引することもできるようになる。

三重県鈴鹿市に本社があるトピアは、自動車メーカーが新型車を開発する際のボディの試作品を手がける。独立系でホンダや日産、トヨタグループなど日本メーカー関連の仕事が売り上げの大半を占めている。トピアは、中国市場向けの供給を増やすため、２０１９年に江蘇省常熟市の製造工場を増設し、生産能力を2倍に拡張した。

実際、すでに中国新興ＥＶメーカーとの取引を開始し、多くの引き合いがある。中国メーカーが注目するのはトピアの高い技術力だ。1社で自動車の設計から金属加工、ボディの接合まで、一気通貫で手がけることができる。従来の車体は主に鉄が使われていたが、ＥＶでは軽量化のため新しい素材が使われる。このため、同社ではアルミやカーボンといった新素材の加工や接合に力を入れている。「中国のＥＶメーカーにはわれわれの話をいち早く聞いてくれるところもあり、日本国内よりも壁が低く感じることもある」と佐々木英樹社長は語った。

また、トヨタグループで運転席の内装やエアバッグなどを手がける豊田合成も、自動運転時代を見据えて、運転席のダッシュボードやＥＶの電池を収納する電池ケースなどＥＶ向けの新製品の開発に力を入れている。

豊田合成は１９８９年から運転席エアバッグを量産し、あらゆる角度の衝突から守る３６０度フルカバーエアバッグを実現した。歩行者の保護装置も量産しているほか、予防安全など次世代技術も積極的に開発している。同社のセーフティシステム製品が中国地場メーカーから注目を集めるきっかけになったのは、タカタ製エアバッグの欠陥問題だ。消費者の自動車安全システムに対する意識の高まりとともに、品質・信頼性の高いエアバッグの採用は地場メーカーの最重要な課題となる。

これまでの取引先だけではなく、新たに登場した中国新興メーカーとの取引も目指している。「EVは自動車というよりも新しい産業。すごい勢いで各社が進歩している。この進歩に負けないように、中国の新興EVメーカーといえども、しっかり見極めて商売をしていきたい」と同社の宮崎直樹社長は語った。

一方、中国地場自動車メーカーとの取引拡大に関心が高いものの、採算が合わず、かつ代金回収期間（6カ月超）が長いなどの理由で、取引を躊躇しているサプライヤーは少なくない。また、中国地場企業との提携による技術流失の懸念も依然として存在している。今後、日系企業は知財権の保護に関する対策を最大限に取りつつ、地場企業と相互に有益な形での関係構築を図るべきであろう。

3　日系二次・三次サプライヤーの中国事業のあり方

3つの課題

上述した一次サプライヤーのものづくりを支えているのは、機械加工技術の専門性を活かし、特定の加工工程を行う多くの二次・三次サプライヤーだ。

日本には、優れた技術を持っていながら、経営の存続が難しい二次・三次サプライヤーは少なくない。海外展開には人材・資金の確保や、商習慣の習得、自力での市場開拓など、これら企業が克服するには困難を伴う「壁」が存在している。結局のところ、これまで海外未進出の二次・

三次サプライヤーが、自身の生き残りをかけてまで海外・中国に進出しようとするケースは少ないだろう。

一方、すでに中国で事業を展開している二次・三次サプライヤーにとっては、今後、中国で地場企業と同レベルのコスト競争力を持ちながら、技術・品質の優位性を武器に日系・非日系自動車メーカー（一次サプライヤー）への販売増も実現することが理想的な方向である。こうしたサプライヤーは、生産・販売・調達・労務管理等、さまざまな課題を克服し、さらなる現地化を進める必要がある。

①生産立地、製造工程分業の最適化

生産・販売等の機能における地域配置のバランス、部品の内製と外注の棲み分けという課題がある。中国では機械メンテナンス、高品質素材の調達、特殊加工等に時間・コストがかかるため、中国での製造コストが日本国内に比べて割高になるケースもある。現在、一部の日系メーカーが可能な限り日本国内でコア部品の生産を集約していることもコスト高の要因となっている。一方、低賃金コストで競争力を維持してきた日系企業は、今後、中国の賃金コストの上昇に伴い、自動化率の向上や低賃金国へのシフトを検討すべきであろう。

②資材調達の現地化、部品コストの低価格化

自動車メーカーの値引き要請や輸入素材コスト高などを受け、中国製資材（樹脂、ゴム、金型等）の使用拡大、過剰機能の見直しは、今後の日系メーカーのものづくりにおける方向性となるだろう。

現在、多くの日系部品メーカーは中国製素材を使用した部品の生産に取り組んでいる。エンジン部品、電装部品など高付加価値分野を手がける日系メーカーは、現地素材への代替、軽量化、省エネなどの面を考慮した製品開発と、価格に応じた機能の最適化を図る必要がある。内装部品・汎用部品などの中・低付加価値分野においては、現地調達比率の引き上げ、生産性の向上、仕様の標準化等によるコスト削減が非日系市場向けの販売拡大につながると考えられる。

③工場管理・労務管理コストの削減

地場企業並みの歩留率で比較した場合、日本型システムによる工場管理コストは約2〜3割高いといわれる（筆者の現地ヒアリングによる）。日系中堅・中小部品メーカーは素材・製品コストの削減に対応しながら、工場管理コストや人材確保などを工夫する必要があるだろう。

また、日系メーカーは労働紛争への対応も視野に入れる必要がある。数十人規模の企業ならば、従業員とのコミュニケーションは取りやすく、ストライキ発生のリスクも低いが、一定規模以上の従業員を持つ中堅企業にとっては、そうしたリスクを防ぐためにいかに幹部を現地化するかがコスト面から見て重要となる。

中国事業のあり方

加工賃は自動車部品コスト全体の約3割を占めるといわれている。材料費の削減が難しいなか、日系メーカーは低コスト体制を構築するために、開発・設計の変更や管理費の削減等で対応せざるを得ない。日系自動車メーカーが求めている「高品質、低価格部品」にどこまで対応できるか、引き続き注目したい。

苛烈な市場競争の中、今後、日系二次・三次サプライヤーは中国で厳しい環境に直面するものと予測され、事業の選択と集中が迫られる。

日本自動車産業の二次・三次サプライヤーでは約2割の企業が、保有する切削加工・鈑金・溶接・鋳造・プレスなど基盤技術で金属関連製品の生産を行っている。こうした企業が後継者問題、海外展開に伴う人材・資金の問題を抱える。筆者は実態調査を踏まえて、製品特徴により次の4つの事業パターンを紹介する。

第1に、標準品・大量生産品では中国製が主流であるため、日系企業の廃業および海外への工場移転を検討すべき事業パターンがある。

第2に、非標準品、自動車用品（非制御・安全系分野）・中ロット生産では、中国で生産し、素材、金型も中国で調達する。日系企業は一定のレベルの品質と低価格戦略で地場メーカー製品に対抗するパターン。

第3に、カスタマイズ製品では、小ロット、受注生産であるため、日本製の素材と金型を使用し、技術力で製品の競争力を維持するパターン。

第4に、EV関連部品・パーツでは、基盤技術・金属加工技術が依然必要であるものの、技術・仕様の変更や研究開発への投入を検討する必要があるパターンだ。

ボルト・ナットが機械要素部品・締結部品として最も広く使用され、それに従事する中小企業も多い。筆者が訪問した愛知県にあるボルト・ナットメーカーは、コア技術である冷鍛技術を軸に事業の差別化・製品の高品質化を実現し、少ロット生産に対する鍛造工法での柔軟な対応ができた。近年、韓国・中国・台湾メーカーおよび、日系中国工場からの売り込み攻勢があるなか、業界のコスト競争は厳しくなっている。

同社は切削肌のグレードをさらにアップした製品に力を入れ、冷間鍛造、切削、特殊処理など加工工程の全般に対応する技術で、表面粗度を上げることにより低コスト・高精度での仕上げを実現した。一方、従来はエンジン部品を生産していたが、EVシフトに伴い、新たな分野への転進を図ることは将来の不安材料であり、既存製品の差別化とものづくりの進化が迫られている。

今後、中国事業の安定成長や拡大を検討する日系メーカーにとっては、地場メーカーとの協業も有力な選択肢の1つになり得ると考えられる。前述の通り、地場メーカーは技術導入、品質差別化等に対するニーズが高く、日系を含む外資系企業の製造技術への期待は高い。特定部品分野での技術提携を行うことにより、日系企業は生産設備、加工機械、関連パーツ・素材の納入や、技術アライアンス料の獲得などのメリットを享受できるだろう。

日系か非日系メーカーかによって調達方法や商習慣が大きく異なる背景もあり、現地企業と提携することによって、市場プレゼンスの早期構築を図ることは可能であると考えられる。中堅・中小企業が保有する加工技術の多くは、長年に蓄積したノウハウを必要とする分野であり、簡単に模倣できるものではないという側面も存在する。

4 新しいサプライヤーの登場

新サプライヤーの特徴

２０３０年以降のモビリティ社会では、ＣＡＳＥ化の進展に伴い、自動車産業は新たな競争の時代に入る。自動車メーカーがソフトウェアや車載電子分野で性能および機能性についてサプライヤーに対する期待を明確にし、サプライヤーが能動的・主導的で展開していくと予想される。今後、次の２つの変化により新たな企業（サプライヤー）が登場するだろう。

１つ目は、クルマ製造におけるサプライヤーの変化だ。ＥＶ化、そして自動運転化に向けて、既存のガソリン車と異なるサプライヤーが形成される。部材・設備・電池の制御・管理システムなどで構成される電池のサプライチェーン、モーター・インバーター・コンバーター・減速機などで構成される電動パワーユニット、アルミ・樹脂・炭素繊維などの軽量化材、パワー半導体、ミリ波レーダー、カメラ、高精度センサーなどの自動運転関連部品、すなわち製造をめぐる新しいサプライヤーが登場し、新たなビジネスも生まれる。

２つ目は、クルマを取り巻く環境の変化だ。垂直統合型のサプライチェーンが水平分業型のプラットフォーマーへ変化し、ＩＴなど異業種参入を含むモジュール化の進展、自動車メーカーの車両製造業者化になる可能性も考えられる。ビジネスモデルはクルマの製造・販売からサービスプロバイダーへ変化し、付加価値はクルマ以外にシフトする。

図表8-4　2030年の中国自動車産業のサプライチェーン

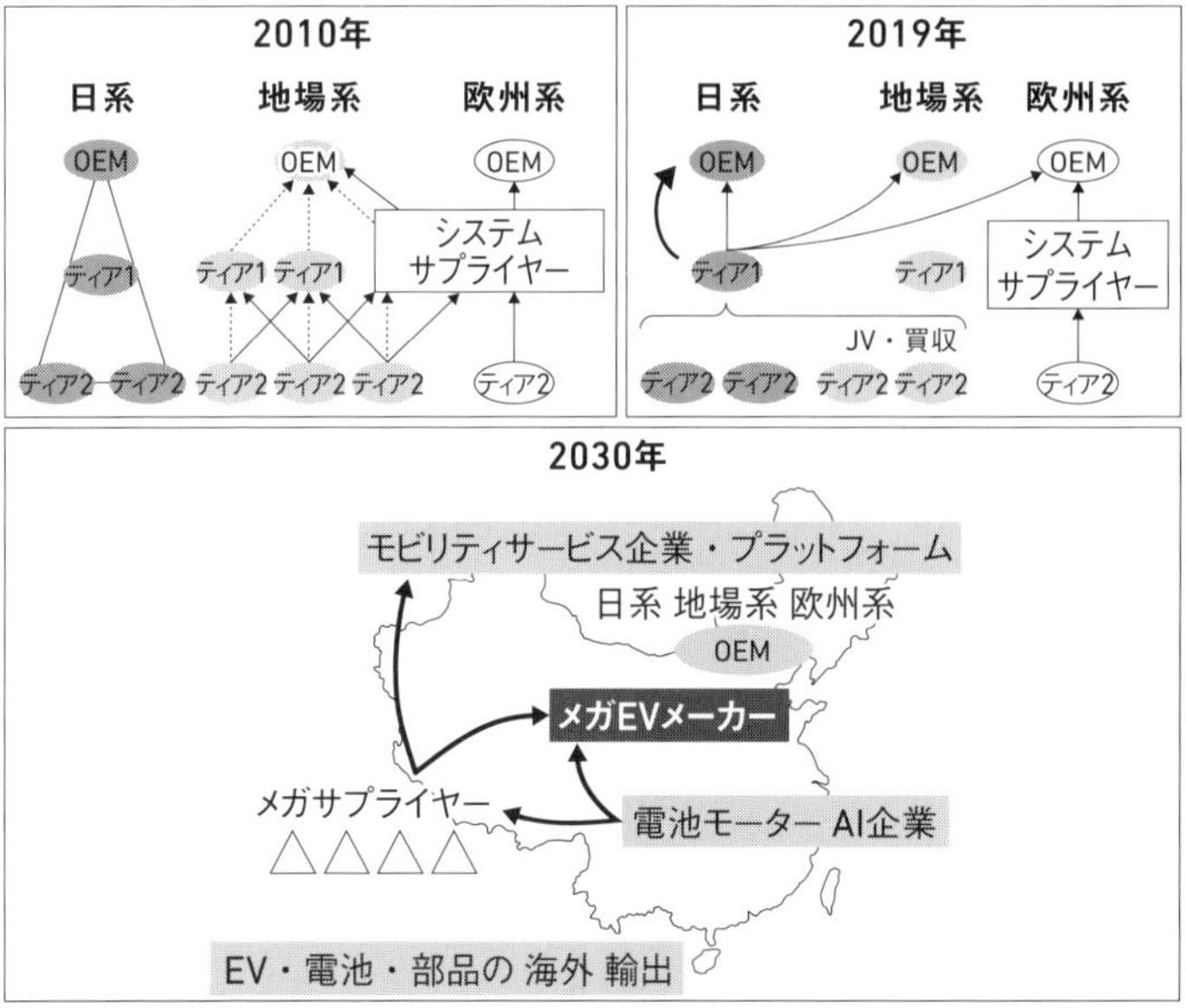

（出所）筆者作成

　また、モビリティサービスの普及に伴い、消費者情報を活用した新たなサービスが地域ごとのインフラと融合し、これらの情報を分析するビッグデータサービスなどのビジネスまで波及する。こうして、クルマが「移動できるスマホ」となると、その関連サービスも生まれる。ＩＴ企業と組んだメガサプライヤーが、プラットフォーマーとしてモビリティ社会の主役を目指す動きが出てくる。特に自動運転技術を軸とするメガサプライヤーが独自の情報で事業を展開し、車両の生産協力を受け、新たな付加価値を創造する。

　自動車業界ではモーター、ギアセット、インバーター、電池の一体化を標準化するモジュールおよびシステムが登場すれば、どの自動車メーカーでもＥＶが簡単に作れる日が到来する。そのとき、メガサプライヤーの存在感は一層高まるものだ。

モビリティサービスを提供する企業や、システム部品のスタンダードを握るメガサプライヤーが、自動車メーカーにものづくりのコンセプトを提案し、そして協力するサプライヤーも出現する。ＩＴ・車載電子分野のサプライヤーや、二次・三次サプライヤーに加え、やがて新しいサプライチェーンが構築される。

クルマ自体のコモディティ化が進展するなか、自動車メーカーはモビリティサービス分野に注力せざるを得なくなり、新サプライヤーはかつての部品の単品開発・生産ではなく、モジュール化で差別化を図り、システム全体の競争力構築を行う。

中国市場の特性に合わせる対応

スマートカー製造分野では、センサー、ロボット、制御システム・ノウハウなど、日系企業が数多くの先端技術を有している。しかし、グローバル展開するシステムサプライヤーが少ないため、日系企業はまとまったサービスを提供できず、単品で勝負せざるを得ない。今後、中国のスマートカー製造やスマートシティ分野では、日本企業がオールジャパンで、中国地方政府との提携により道路インフラ・インターネット通信インフラの整備に参加し、さまざまな業界とのコラボレーションに取り組む必要がある。

過去の政治問題を勘案すれば、自動車産業に関して日本・中国の政府レベルでの連携協議は簡単ではないものの、すでに充電規格やFCVなど一部の分野で両国民間企業間の連携が見られている。EVの急速充電器の主な規格は、欧米自動車大手が主導する規格「Combo（コンボ）」と、日産や三菱自動車が採用している規格「CHAdeMO（チャデモ）」がある。2018年5月、日本と中国は次世代急速充電器の規格である「ChaoJi（チャオジ）」の共同開発と、2020年の実用化を目指すことを発表した。

日系自動車メーカーはドイツ系メーカーほどの政治力を持たないものの、中国政府との関係構築（ロビー活動）に力を入れる必要がある。日系サプライヤーは地方政府に主導されたプロジェクトへの参画を通じてエリアごとの関係構築を重視すべきであろう。

車両のインテリジェント化により、サプライヤーが複数の自動車メーカーと協力し、多地域市場に適応する技術を開発する。しかし5Gなどハイテク製品をめぐる米中摩擦が長期化する様相を呈しているなか、日系サプライヤーは米国、中国仕様に照準を合わせた製品をそれぞれ開発する必要があるだろう。

実際、欧米部品メーカーは中国における研究開発力を強化し、次世代市場で勝ち残るための先手を打った。ボッシュは中国を最重要戦略市場として対応するため、2018年にAI事業部を新設した。また、同社にとって世界最大規模となる研究開発拠点・蘇州研究開発センターを開業し、電子制御機器やスマート交通の開発を行う。2019年には広州市政府と共同でイノベーションセンター「工業4・0創新技術中心」を共同設立し、地元における工業4・0を推進していくとしている。

コンチネタルは2018年、長沙市政府とスマートシティ建設で合意し、自動運転の公共バス、産官学などの分野で協力する。2019年には中国で初のV2Xソリューションの開発を開始した。このシステムは、短距離と長距離V2X通信システムを利用することで車両と車両を取り巻く環境を把握し、より早く運転者に状況を通知する機能を備える。

アプティブ（旧デルファイ）は、2018年9月に蘇州研発センターを稼働させ、中国電信との共同実験室を設置し、5Gや車両とヒトをつなげるV2E関連の技術検証を行っている。また、長城汽車にヘッドアップディスプレイなどを、広汽新能源にフロントビューカメラ、レーザーなどを供給し、中国仕様の車載電子システムや自動運転関連製品の開発を行っている。

2030年の日本製造業を見据える

中国は先端技術のレベルが向上しているとの報道が多いものの、それはITを軸とする分野や新しいアイデア創出の部分が大きく、製造業の技術体系は一朝一夕に構築できるものではない。日本製造業の強みは、高品質のモノを作り上げるすり合わせ能力であり、その能力を支えるのは長年現場で蓄積してきた機械工学・電気工学の技術や、各種加工の工程で欠かせない基盤産業技術である。

例えば、第5章で取り上げた電池は、充放電時の発熱による劣化等が懸念され、適正温度の管理が極めて重要となる。日産リーフは、電池パックのセル数を増やし積層度を高めたことにより、冷却装置を搭載しない自然空冷方式を採用した。三菱ケミカルは、樹脂フィルム積層鋼板を採用した放熱材を開発し、電池パックの直接冷却による急速放熱を実現した。

　また、高品質の電池材料や製造装置分野においては、日本企業は強い競争力を示している。セパレーターの旭化成や東レ、負極材の日立化成、電解液の三菱ケミカルと宇部興産が世界市場で高いシェアを維持しており、材料の撹拌からセパレーターの巻き取り、電解液の注入などの製造工程で使用される装置や測定機器において日本企業の存在感は依然大きい。

　実際、日本企業は多くの中国地場メーカーに電池関連素材を供給し、電池サプライチェーンの一翼を担っている。今後、日本の部材・装置メーカーは、基幹部品および関連部材分野での強みを活かしながら、パートナーの選別や販路の確保などにおいて、中国電池メーカーを巻き込んだ市場戦略を練る必要があるだろう。

　一方、将来的に製造業の主流となるスマート製造では、AI関連技術・人材が競争力の源泉であり、その基盤の整備が急務である。2030年以降、世界のAI業界は米中2強時代となり、部分的には中国が米国を凌駕する可能性もある。中国のスマートシティ開発およびその関連技術が、新しいAI市場を作り上げるかもしれない。

　ひるがえって日本の現状はどうか。2019年の日本のAI予算は1200億円と、米国や中国のAI予算の2割に過ぎず、大学や研究機関の基礎研究力の弱体化が懸念されている。また、日本企業のAIに対する認識にはバラツキがあり、官民挙げての取り組みは容易に進まない。日本企業は科学論文掲載数や特許取得件数で世界トップレベルにあるが、AI研究開発における遅れを取り戻さなければ、日本経済を牽引してきた製造業の技術力はやがて、徐々に低下しかねない。

日本では今後、公共インフラやスマートシティ、災害救助などにＡＩ技術が導入され、労働力を代替する手段としてのＡＩ技術に期待が高まる。産業機械・ロボット製造、スパコン・半導体技術などの分野で分厚い蓄積を持つ日本企業は、イノベーションを実用化させ、これまで数々のイノベーションを生み出してきた。日本企業には今後も、自社が強みとする専門領域でデータを蓄積し、さらに海外発のＡＩ新技術をも応用して、生活の利便性を高める新製品を創出することを期待したい。

謝辞

本書の執筆は、筆者の近年の大きな目標でした。

ちょうど10年前に組み立て型産業の代表例である中国エレクトロニクス産業の発展を論じた著作を執筆して以来、製造技術への依存度が高い自動車産業の研究・調査を行ってきました。

この10年間、中国自動車産業という同じ対象を眺めながら、産業・社会・経済にわたる大きな変化を経験しました。愚直に汗をかいて真実を求める「現場」学者という姿こそ筆者が個人的に理想とする姿であり、本書は筆者らしい書物に仕上がったと自負しています。幅広い分野を分析した本書が首尾よく破綻を免れているかは読者の皆様の判断にお任せしたいと思います。

出版の機会をいただだいた日本経済新聞出版社の堀口祐介様、小谷雅俊様には大変有益なアドバイスをいただき、かつ多大なサポートをいただきました。厚くお礼を申し上げます。また日本経済新聞社・編集局国際部次長の中村裕様からも執筆にあたり的確な助言をいただき、感謝を申し上げます。

そして、みずほ銀行元国際営業部長の尾後貫浩様、辻一郎様には構成から内容までさまざまな助言をいただきました。同行法人推進部国際営業推進室の土屋健太郎部長をはじめ、白戸裕之次長、川野龍二業務推進役、大貫裕一業務推進役、審査第二部の市吉智興参事役、職場の関係者にも助力をいただき感謝いたします。

湯 進

2019年8月

【本書の一部内容は下記の執筆記事の論点に基づき加筆したもの】

- 日経産業新聞「始動する中国の『ＭａａＳ』」（２０１９年8月26日付）
- 東洋経済オンライン「トヨタに逆風？中国『ＨＶ優遇』転換で起きる懸念」（２０１９年8月2日）
- みずほグローバルニュース「中国の自動車新排ガス基準の導入と日系企業の好機」Ｖｏｌ・１０４（２０１９年８、９月号）
- 週刊エコノミスト「『スマート交通』先進地・深セン」（２０１９年7月30日号）
- 週刊エコノミスト「東風・一汽・長安の中国『ビッグ1』構想」（２０１９年7月2日号）
- 日経産業新聞「中国政府、新エネ車補助金減額」（２０１９年6月17日付）
- 東洋経済オンライン「トヨタが『中国電池』に頼らざるをえない理由」（２０１９年6月15日）
- 東洋経済オンライン「トヨタ、日産が『中国地場メーカー』と組む狙い」（２０１９年5月27日）
- 東洋経済オンライン「『テスラ進出』に身構える中国メーカーの思惑」（２０１９年４月26日）
- 日経産業新聞「中国、車の過剰生産警戒」（２０１９年3月25日付）
- 東洋経済オンライン「中国排ガス規制で日系部品メーカーが笑う理由」（２０１９年3月21日）
- 週刊エコノミスト「中国政府がガソリン車の抑制策、積極投資の日系メーカーに逆風」（２０１９年3月19日号）
- 週刊東洋経済「中国自動車メーカーの実力」（２０１９年3月16日号）
- 東洋経済オンライン「日本車が新エネ車規制で生き残る条件」（２０１９年2月16日）
- 週刊ダイヤモンド「テスラの中国現地生産が中国ＥＶ業界に地殻変動をもたらす理由」（２０１９年2月２日号）

●週刊ダイヤモンド「テスラ上海新工場でのバッテリー採用、パナより中国ＣＡＴＬが有力か」（２０１９年１月26日号）
●日経産業新聞「中国、新車販売28年ぶり減」（２０１９年1月21日付）
●東洋経済オンライン「トヨタの中国市場巻き返しが現実になる日」（２０１９年1月18日）
●週刊エコノミスト「中国ＥＶに淘汰の波」（２０１８年12月18日号）
●東洋経済オンライン「レクサスの中国現地生産に潜む3つのリスク」（２０１８年12月5日）
●東洋経済オンライン「中国の『新車市場』が直面する曲がり角の正体」（２０１８年11月６日）
●日経産業新聞「中国新エネ車市場急拡大」（２０１８年10月22日付）
●日経ビジネスオンライン「中国・リチウムイオン電池メーカー、淘汰加速へ」（２０１８年10月16日）
●東洋経済オンライン「２０３５年、中国は『スマートカー強国』になるか」（２０１８年10月２日）
●みずほグローバルニュース「中国新エネルギー車市場の現状」Ｖｏｌ・99（２０１８年10、11月号）
●週刊エコノミスト「中国のＥＶ革命に変化」（２０１８年9月18日号）
●東洋経済オンライン「『世界一のＡＩ強国』目指す中国のアキレス腱」（２０１８年9月13日）
●日経ビジネスオンライン「淘汰目前、中国ＮＥＶメーカーに3つの試練」（２０１８年9月４日）
●東洋経済オンライン「日本車が今になって中国で躍進した根本要因」（２０１８年8月19日）
●日経ビジネスオンライン「米中貿易摩擦で自動車産業に生じる2つの変化」（２０１８年7月26日）
●みずほグローバルニュース「中国新エネルギー車市場の拡大とリチウムイオン電池メーカーの成長」Ｖｏｌ・97（２０１８年６、７月号）
●日経ビジネスオンライン「テスラ上海進出発表の狂騒　中国ＥＶ市場に黒船」（２０１８年６月28日）

●日経産業新聞「中国EV電池市場」（2018年6月25日付）
●週刊エコノミスト「中国が『EV電池工場』に戦略転換迫られる日米欧」（2018年5月22日号）
●日経ビジネスオンライン「中国クルマの外資規制撤廃、日本に甘くない現実」（2018年5月17日）
●日経産業新聞「中国の燃費・NEV規制」（2018年5月21日付）
●日経ビジネスオンライン「中国・新興EVメーカーはテスラの夢を見るか」（2018年4月11日）
●日経ビジネスオンライン「中国自動車3000万台市場に変調の兆し」（2018年3月26日）
●日経産業新聞「拡大する中国高級車市場」（2018年1月29日付）
●日経産業新聞「中国新エネ車育成加速（上）」（2017年10月31日付）
●日経産業新聞「中国新エネ車育成加速（下）」（2017年11月1日付）
●週刊エコノミスト「EVシフト加速」（2017年10月17日号）
●日経産業新聞「転換期の中国自動車市場（上）」（2017年9月19日付）
●日経産業新聞「転換期の中国自動車市場（下）」（2017年9月20日付）
●週刊エコノミスト「中国の野望」（2017年9月12日号）
●みずほグローバルニュース「中国新エネルギー車産業の規制緩和と日系企業の対応」Vol・93（2017年9、10月号）
●日経産業新聞「中国に懸けるVWの焦燥」（上）」（2017年7月19日付）
●日経産業新聞「中国に懸けるVWの焦燥」（下）」（2017年7月20日付）
●日経産業新聞「『自動車強国を目指す』中国」（2017年5月16日付）
●日経産業新聞「リスク抱える中国経済」（2017年5月11日付）

- 日経産業新聞「中国新エネルギー車（上）」（2017年3月28日付）
- 日経産業新聞「中国新エネルギー車（中）」（2017年3月29日付）
- 日経産業新聞「中国新エネルギー車（下）」（2017年3月30日付）
- 日経産業新聞「始動する中国中古車市場」（2017年2月23日付）
- みずほグローバルニュース「中国エコカー産業の成長と日系企業の対応」Vol・89（2017年1、2月号）
- MIZUHO CHINA MONTHLY「巨大化する中国自動車市場」（2017年1月号）

【本書の一部内容は下記記事に掲載された筆者コメント・インタビューに基づき加筆したもの】

- 日本経済新聞「中国新車販売、通年二ケタ減も」（2019年8月14日）
- 東洋経済オンライン「トヨタ『電気自動車』でついに本気を出した理由」（2019年6月12日）
- NHK NEWS WEB「中国EVベンチャーの実力は～接近する日本企業～」（2019年5月8日）
- 東洋経済オンライン「トヨタが中国で『新興EVメーカー』と組んだ事情」（2019年5月3日）
- 日刊工業新聞「中国『NEV規制』元年」（2019年4月19日付）
- NIKKEI ASIAN REVIEW「BYD turns to Asian markets as Beijing cuts EV subsidies」（2019年3月31日）
- 日本経済新聞「EV高品質化が急務に」（2019年3月28日付）
- 日経ビジネス電子版「中国の自動車消費刺激策、笑うのは誰？」（2019年1月30日）
- 日本経済新聞「中国の車載用電池に淘汰の波、『2020年問題』迫る」（2019年1月29日付）

●日本経済新聞「トヨタ、EV挽回へ共闘 パナソニックと電池新会社」（2019年1月22日付）
●時事通信「中国でEV投入急ぐ、環境規制強化、競争本格化」（2018年12月12日）
●NHK NEWS WEB「自動運転でアメリカ超え狙う 中国の野望」（2018年12月6日）
●NIKKEI ASIAN REVIEW「Battery wars: Japan and South Korea battle China for future of EVs」（2018年11月14日）
●週刊東洋経済「自動車産業の逆転を狙う中国」（2018年9月15日号）
●日本経済新聞「中国車 東南アを開拓」（2018年8月25日付）
●日本経済新聞「日産、中国に新工場 1000億円投じ能力3割増強」（2018年8月20日付）
●文藝春秋「中国の未来都市『深圳』がすごい」（2018年7月号）
●日本経済新聞「中国CATL、EV電池首位疾走」（2018年5月23日付）
●日経ビジネス「特集：中国発EVバブル崩壊」（2018年5月21日号）
●週刊ダイヤモンド「外資解禁！ 中国『自動車強国』への野望」（2018年5月19日号）
●NIKKEI ASIAN REVIEW「China's 'four dragons' drive hopes for electric car industry」（2018年5月13日）
●NIKKEI ASIAN REVIEW「Italian super premium brands strut SUVs at Auto China show」（2018年4月27日）
●日本経済新聞「中国SUV勢いやまず 18年にもセダン逆転へ」（2018年4月26日付）
●週刊東洋経済「電光石火の戦線拡大 中国勢の脅威」（2018年3月10日号）
●日本経済新聞「『中国のテスラ』へ発進」（2018年2月28日付）

- 日本経済新聞「中国・広州汽車、米進出へ」（２０１８年1月20日付）
- 文藝春秋「電気自動車の覇権が中国に奪われる」（２０１７年12月号）
- 日本経済新聞「中国市場、日系車が3～5位と躍進」（２０１７年11月15日付）
- 週刊東洋経済「日本経済を揺るがすＥＶ時代の地殻変動」（２０１７年10月21日号）
- 日経ビジネス「中国ＥＶに淘汰の波」（２０１７年7月31日号）
- 週刊東洋経済「中国新興メーカーがタカタを欲した事情」（２０１７年7月8日号）
- 日経ビジネス「特集：『空飛ぶクルマ』の衝撃　見えてきた次世代モビリティー」（２０１７年6月12日号）
- 日本経済新聞「ボルボ、中国を輸出基地に　最高級セダンを全面移管」（２０１７年5月18日付）
- 週刊東洋経済「規制強化で金看板の『プリウス』に大逆風」（２０１７年4月29日、5月6日合併号）
- 日本経済新聞「アジア企業をＭ＆Ａ　件数最多」（２０１７年1月31日付）

【参考文献】

Henry Chesbrough [2003] *Open innovation : The New Imperative for Creating and Profiting from Technology*（大前恵一朗訳『ＯＰＥＮ ＩＮＮＯＶＡＴＩＯＮ――ハーバード流イノベーション戦略のすべて』産業能率大学出版部、２００４年）

Clayton M Christensen [1997], *The Innovator's Dilemma : When New Technologies Cause Great Firms to Fail*（玉田俊平太監修／伊豆原弓訳『イノベーションのジレンマ――技術革新が巨大企業を滅ぼすとき』翔泳社、２００１年）

関満博［１９９７］『空洞化を超えて』日本経済新聞社
末廣昭［２０００］『キャッチアップ型工業化論』名古屋大学出版会
藤本隆宏［２００３］『能力構築競争』中央公論新社
中西孝樹［２０１８］『ＣＡＳＥ革命』日本経済新聞出版社
風間智英［２０１８］『ＥＶシフト』東洋経済新報社
深尾三四郎［２０１８］『モビリティ２・０』日本経済新聞出版社
田中道昭［２０１８］『２０２２年の次世代自動車産業』ＰＨＰ研究所
湯進［２０１８］「中国自動車産業の成長と〝ＥＶ革命〟の動向」『中国経済経営研究』第２巻第２号（２０１８年12月）
湯進［２０１６］「中国自動車産業のキャッチアップ工業化」『専修経済学論集』（２０１６年7月）
湯進［２００９］「変化する中国の自動車市場と日系中小自動車部品メーカーの事業戦略」『商工金融』（２００９年12月号）
湯進［２００９］『東アジアにおける二段階キャッチアップ工業化』専修大学出版局
劉希永［２０１０］「王伝福：親情鋳就的〝中国首富〟」『人民文摘』（２０１０年第２期）
阮建芳［２００９］『比亜迪神話：王伝福的創業人生』企業管理出版社
李勤［２０１８］「寧徳時代突然崛起」『新能源経貿観察』（２０１８年第４期）
邵瑞峰［２０１３］『馬化騰伝』哈爾濱出版社
陳偉［２０１５］『这就是馬雲』浙江人民出版社
中国汽車技術研究中心『中国汽車工業年鑑』各年版、中国汽車工業年鑑出版社

湯 進（タン・ジン）
みずほ銀行法人推進部国際営業推進室　主任研究員　博士（経済学）
上海工程技術大学客員教授、専修大学社会科学研究所客員研究員
2008年にみずほ銀行入行。国際営業部で自動車・エレクトロニクス産業を中心とした中国の産業経済についての調査業務を経て、中国の自動車メーカーや当局とのネットワークを活用した日系自動車関連の中国戦略を支援。
現場主義を掲げる産業エコノミストとして中国の自動車産業の生情報を継続的に新聞・経済誌などで発信、国内外で講演も行う。NHK総合「ニュースウォッチ9」やNHK BS1「経済フロントライン」などTV出演、東洋経済オンライン「自動車最前線」、週刊エコノミスト「エコノミストリポート」、日経産業新聞「新興国ABC」にも執筆中。文部科学省私立大学学術研究高度化推進事業オープン・リサーチ・センター整備事業「アジア諸国の産業発展と中小企業」(2005～2009年)、中国国家社会科学基金プロジェクト「日本の供給側構造改革の経験と教訓」(2017～2019年）に参加・執筆。著書・論文に『東アジアにおける二段階キャッチアップ工業化』(2009)、「中国自動車市場の成長と〝EV革命〟の動向」(『中国経済経営研究』2018年12月号）など多数。

2030 中国自動車強国への戦略
世界を席巻するメガEVメーカーの誕生

2019年10月16日　1版1刷

著　者　湯　進

発行者　金子　豊
発行所　日本経済新聞出版社
https://www.nikkeibook.com/
東京都千代田区大手町1-3-7　〒100-8066
電　話　(03)3270-0251(代)

印刷・製本　シナノ印刷
本文組版　マーリンクレイン
装　幀　夏来怜
ISBN978-4-532-32298-4